"十三五"普通高等教育本科部委级规划教材

服装色彩设计

CLOTHING COLOR DESIGN

徐慧明 | 编著

U0241927

中国纺织出版社有限公司

国家一级出版社
全国百佳图书出版单位

内 容 提 要

本书是"十三五"普通高等教育本科部委级规划教材。全书共分为七章，包括色彩基本知识、色彩视觉规律、色彩对比与调和方法、色彩联想以及色彩创意重构和流行色等内容，涵盖了色彩物理学、生理学、心理学和色彩流行学等内容。注重色彩理论研究与设计实践验证，将色彩理论、实践应用和创新体验设计融为一体。

本书可以作为服装类高等院校色彩课程教材，也可以作为服装设计自学爱好者和服装企业技术人员的参考书。

图书在版编目（CIP）数据

服装色彩设计 / 徐慧明编著 . -- 北京：中国纺织
出版社有限公司，2019.11（2022.11 重印）
"十三五"普通高等教育本科部委级规划教材
ISBN 978-7-5180-6790-9

Ⅰ . ①服…　Ⅱ . ①徐…　Ⅲ . ①服装色彩—设计—高等
学校—教材　Ⅳ . ① TS941.11

中国版本图书馆 CIP 数据核字（2019）第 217484 号

策划编辑：魏　萌　责任编辑：籍　博
责任校对：王蕙莹　责任印制：王艳丽

中国纺织出版社有限公司出版发行
地址：北京市朝阳区百子湾东里 A407 号楼　邮政编码：100124
销售电话：010 — 67004422　传真：010 — 87155801
http://www.c-textilep.com
中国纺织出版社天猫旗舰店
官方微博 http://weibo.com/2119887771
天津宝通印刷有限公司印刷　各地新华书店经销
2019 年 11 月第 1 版　2022 年 11 月第 3 次印刷
开本：787×1092　1/16　印张：11.75
字数：151 千字　定价：58.00 元

前　言

为了适应21世纪中国纺织服装工业的发展、纺织服装高等院校人才模式以及现代教育教学改革的需要，本人从2016年开始筹划组织编写本教材。服装色彩作为纺织服装专业的专业基础课，它是学生掌握服装专业知识技能必修的重要课程。本书注重色彩理论研究与设计实践验证，将色彩理论、实践应用和创新体验设计融为一体。在保留延续传统教学内容、教学方法和手段的同时，又顺应现代技术的发展、企业产品设计企划的需要和社会对从业设计师的要求。在教学大纲和教学计划安排中，为服装色彩课程设定了服装画技法和计算机辅助设计等前期课程，使得学生可以在有限的课程教学时间内，利用现代计算机教学手段完成色彩设计与配色，为色彩设计提供更多的可能性和选择性，既满足了现代教学需要，又适应了现代发展对人才的需求，同时为后续图案设计、服装设计、服装陈列和品牌策划等课程打好基础。

本书注重理论研究的严谨和系统性，从色彩物理学、生理学、心理学、美学和色彩流行学等内容方面对色彩专业知识进行梳理构架。在系统梳理理论知识的基础上，力求用实验验证结果。例如，空间混合部分采用计算机进行色彩排列实验，旋转混合部分利用自制的旋转实验设备进行实验，得出科学严谨的实验结果，弥补其他书籍的空白与不足。

实践实验是设计创新的先导，学生通过实践和验证能够掌握基本的实践技能，能够深入理解专业理论知识。实践实验是培养学生专业领域创新意识、探索能力和创新转换能力不可替代的重要环节。本书在实践实验过程中提出一些新的思路和方法。例如，视觉规律研究部分，学生通过色彩拮抗性的研究，得出色彩可变性规律实验结果，并根据实验结果写出论证报告，为今后服装设计、色彩研究和产品开发奠定了理论和实践基础。

另外，本书作为服装类高等院校色彩课程教材、服装设计自学爱好者和服装企业技术人员的参考书，主要受众对象都是从事纺织服装设计的专业人员，所以在色彩体系部分，除了介绍现代色彩排序鼻祖蒙赛尔色彩体系外，主要以介绍国际通用的潘通色彩体系和中国纺织信息中心（CTIC）与全球最大的趋势预测机构WGSN共同合作研制的Coloro色研体系为主，将适用纺织服装产业的专用色彩体系呈现给大家。

我们将服装设计色彩有关的内容分为七个章节进行介绍。第一章主要从色彩功能、物理学和生理学角度阐述色彩功能、色彩性质、色彩属性、色彩混合方式以及色彩体系框架；第二章主要是使学生了解色彩名称的分类，并能准确描绘和分辨出更多的专业色彩词汇与色彩相貌；第三章从生理学角度讲述色彩的视觉规律，了解色彩的感知特点；第四章从心理学角度研究色彩的心理感知特点、色彩的象征性以及色彩视听联觉；第五章从美学角度讲述服装色彩在设计应用中形成的调性关系；第六章讲述色彩从灵感到设计过程中的提炼与转换方法，从设计原理方面讲述色彩对比与协调的方式和方法；第七章主要从社会性和流行性角度介绍色彩流行的特点和色彩流行趋势预测。本书第一章至第六章由徐慧明编写；第七章由刘艳梅编写。

本人从事服装色彩教学近三十年，这本教材也是对这些年教学经验的总结、沉淀与梳理。感谢中国纺织出版社的鼓励与支持，感谢历届学生完成的优秀设计作品，以及学生们为作品完美体现付出的努力与辛苦，感谢我的同仁刘艳梅老师参与编写。此书在编写过程中得到同事和专家们的支持与指导，在这里深深表示谢意。特别感谢中国纺织信息中心提供详尽的Coloro色彩体系，让我们能全面了解中国色研体系的完整信息与内容。本书在编写过程中参考了许多同类的专业书籍，在这里对这些编者、责任编辑和出版社表示由衷的感谢。

由于作者的学识和专业能力有限，使本书一定存在一些疏漏和不足，真诚希望得到同仁们的批评和指正。

编著者

2019年10月

教学内容及课时安排

章 / 课时	课程性质 / 课时	节	课程内容
第一章 /4	基础理论 /4	·	**认识色彩与色彩体系**
		一	色彩功能
		二	色彩性质
		三	三原色与色彩混合
		四	色彩标识系统
第二章 /4	理论与实践 /44	·	**色彩命名**
		一	色彩名称特点
		二	色彩名称分类
第三章 /4		·	**色彩视觉规律**
		一	色彩生理感知特点
		二	色彩同时对比与先后对比
第四章 /8		·	**色彩心理**
		一	色彩心理感知特点
		二	色彩象征含义与联想
		三	感官与色彩联觉
第五章 /16		·	**服装基调对比与调和**
		一	服装基调对比
		二	服装色彩调和
第六章 /8		·	**服装色彩的采集与重构**
		一	色彩归纳重构
		二	色彩创意重构
第七章 /4		·	**流行色与服装色彩**
		一	流行色的概念与特征
		二	影响流行色发展的要素
		三	流行色趋势预测

注 各院校可根据自身的教学特色和教学计划课程时数进行调整。

目　录

理论与实践

第七章　流行色与服装色彩…………………………………………… **149**

基础理论

第一章　认识色彩与色彩体系

课题名称： 认识色彩与色彩体系

课题内容： 色彩功能　色彩性质　三原色与色彩混合　色彩标识系统

课题时间： 4课时

教学目的： 本章主要讲述色彩专业基础理论知识，主要阐述色彩的功能、性质和色彩混合的特点，重点讲述纺织服装专用的色彩体系。

教学要求： 1. 了解色彩的基本性质与属性。

2. 解读色彩体系，利用计算机绘制10种颜色，色立体剖面图。

课前准备： 掌握色彩相关概念，收集色彩信息图片资料。

第一节 色彩功能

我们生活在一个斑斓多彩的色彩世界之中，在人类漫长的历史发展过程中，色彩始终伴随着历史的发展和人类的文明与进步，色彩几乎渗透到人类物质和精神生活中的各个方面。色彩具有独特的魅力和无法替代的价值，在不同历史阶段和不同领域中发挥不同的作用。色彩的功能是在人类长期发展过程中不断沉淀和演变下来的，是多元历史文化发展的产物，所以它的功能也不是单一的，而是全方位和多方面的。并且随着社会的发展，科学技术的进步，以及人类对色彩的探索与研究，色彩的功能还将不断地扩大。色彩功能应用广泛，体现在日常工作生活和视觉艺术等各个方面，具体可以归纳为：装饰功能、描述功能、伪装功能、保护功能、标识功能、警示功能、抒情功能和心理影响功能等各个方面。

一、装饰功能

装饰，《辞源》解释为"装者，藏也，饰者，物既成加以文采也。"指的是对器物表面添加纹饰、色彩以达到美化的目的。任何一种装饰都有表层文化和深层文化蕴含其中。表层文化是外表，表面的那一层是视觉直接感受到的，是人们为了满足审美需要，在爱美之心驱使下展示美、表达美的重要手段，所以人们要选择符合潮流的、自身喜欢并适合的色彩进行装饰与装扮。深层文化是以人的意识形态表现的，它是无形的、内隐的，是由社会存在（如政治经济、劳动生产、宗教信仰、文化交流、社会环境等）所决定的，在文化变迁中，深层文化起着决定性作用。深层次文化的变化，必然会引起整个文化结构的变迁。例如，20世纪80年代的一部电影《街上流行红裙子》（图1-1-1），描述的是在物质困乏的时代，一条红裙子引发了年轻女孩对青春的幻想。表面上看这部电影，吹开了中国人禁锢已久的爱美之心，但从深层文化角度就会发现它是政治体制、经济发展、文化交流传播等各种社会因素影响下产生的结果。这部电影里主人公的红裙子代表着中国从此告别了黑、蓝、灰、军绿的时代，逐渐走向鲜活的多彩世界，这种色彩装饰具有很强的时代感和历史印迹。

爱美是女子的天性，化妆是女子的传统习俗。中国古代称化妆为"妆饰""妆点""香妆"等。《木兰诗》是一首北朝民歌，诗中描述"脱我战时袍，著我旧时裳。当窗理云鬓，对镜贴花黄。"所谓"贴花黄"，就是用黄色的颜料在额头上面画上各种花纹的一种风俗，"黄花"变成了美丽少女的特征。这里的黄花指的是菊花，菊花能傲霜耐寒，常用来比喻有节操的人，所以人们在"闺女"前面加上"黄花"二字，不仅说明这女子尚待闺中，同时

图 1-1-1　电影《街上流行红裙子》（1984 年）

表示她心灵纯洁，洁身自爱的高尚品德。"贴花黄"从表层文化看是为了美丽和漂亮，深层文化则代表了古人对女子品德的看重和重视。

事实上，从古至今人类对色彩美的追求从未间断过，现代人更是充分利用色彩展现不同的时尚理念和个人审美情趣与喜好，随着多元化审美观念的不断发展，使得人们对色彩美的追求也同样呈现多样化趋势，特别是现代社会科学技术、网络信息平台、时尚创意产业的迅速发展，极大地开拓了色彩装饰应用领域，进一步提高了人们对于色彩装饰美的表现能力和创造力。

二、描述功能

描述，一般指写文章或人与人沟通过程中，对人物、事物、景象等进行形象化的阐述。色彩在描述过程中可以起到强化人物形象或事物景象特征的功能和效果。例如，在袁阔成讲的评书《三国演义》中赞叹关羽的诗句写道："赤面秉赤心、骑赤兔追风，驱驰时、无望赤帝。青灯观青史、仗青龙偃月，隐微处、不愧青天。"通过这首诗句我们可以感受到，色彩在描述人物和事物所起到的形象化的功能与作用。另外，在人们相互沟通过程中，色彩描述也可以起到准确定位客观对象的作用。

三、伪装功能

"适者生存"是自然界进化的一条普遍的原则。例如，军人在战场上穿的迷彩服是最基

图1-1-2 迷彩服

图1-1-3 动植物中的伪装高手

本的伪装，把迷彩服制作成与周围环境的主色调相匹配的颜色，达到保护自己的目的（图1-1-2）。20世纪60年代以后新研制的迷彩服不仅在防可见光侦察方面比原先的材料优越，而且由于在色彩染料中掺进了特殊的化学物质，使迷彩服的红外光反射能力与周围景物的反射能力大体相似，因而具有了一定的防红外光侦察的伪装效果。如今，迷彩已不仅仅是在军服上使用，也运用在各种军用车辆，大炮，军用飞机等器材装备和军事设施上。

自然界中有许多伪装高手，如变色龙、安康鱼、枯叶蝶、树叶虫、生石花等（图1-1-3）。这些分布在不同地理环境中的动物和植物，能够用逼真的色彩模仿周围环境，达到保护和隐蔽自己的目的。利用色彩进行伪装是动物和植物共同的手段，色彩在伪装中起到决定性的作用。

四、安全警示功能

色彩的安全警示功能与伪装功能正好相反，它是利用醒目的颜色吸引人们的注意力，以达到安全警示的作用。例如，道路交通信号灯、道路安全警示标志、危险品警示标志等都使用安全色。安全色是指传递安全信息的颜色，包括红色、蓝色、黄色和绿色等高彩度颜色。红色，表示禁止、停止、危险等意思；蓝色：表示指令，要求人们必须遵守规定；黄色，表示提醒人们的注意，凡是警告人们注意的器件、设备及环境应以黄色表示；绿色，表示给人们提供允许、安全的信息（图1-1-4）。通常还会加上黑和白两种无彩色增强对比和识别度。

另外，在空旷的野外和工作生活环境中，有一定危险性存在的场合适合用鲜亮的色彩，如登山服多选用鲜艳的色彩，目的是一旦发生危险时能够及时被发现（图1-1-5）；交通警察黄色的服装是为了提醒人们注意，使工作中的交警以免受到外界的伤害（图1-1-6）；建筑工人或是人们要进入有危险的环境场合时，都要佩戴鲜艳醒目的安全帽起到提醒的作用（图1-1-7）。

色彩安全保护功能还可以运用在现代化工厂车间，如在工人操作机床上容易发生事故的地方选用醒目的红色、蓝色和黄色作为标记以引起人们的注意，避免危险发生。车间绿色地面区域是安全行走区域，安全行走区与工作区用黄色进行区分（图1-1-8），起到安全提醒作用。科学合理的色彩运用能够起到安全提示和警告作用，有效降低生产事故的发生。

五、防护功能

色彩在人类工作和生活中可以起到安全保护人体的作用，如浅亮的色彩对紫外线有反射作用，所以夏季多选用浅亮色彩的服装，以免受到紫外线的伤害（图1-1-9）。与此相反，在冬季选深色的服装，可起到一定的保暖作用（图1-1-10），黑色可以吸收光谱中所有的颜色。

六、标识功能

从古至今色彩在区分不同氏族、不同民族、不同国家和不同品牌形象中起到了重要的标识作用。在古代，原始人类利用色彩与纹样的配合，来区别不同氏族人的身份和

图 1-1-4　安全提示标志

图 1-1-5　户外登山

图 1-1-6　交通警察

图 1-1-7　建筑工人

图 1-1-8　现代化工厂车间

图 1-1-9　夏季浅色服装

图 1-1-10　冬季深色服装

不同的官位。例如，据《通鉴外纪》记太皞部落（伏羲氏）的官号有青龙、赤龙、白龙、黑龙和黄龙。有学者认为，这五种龙原为氏族图腾名称，后来演绎为官名。在中国唐朝三品以上官员着紫袍，佩金鱼袋；五品以上官员着绯袍，佩银鱼袋；六品以下官员着绿袍，无鱼袋，官吏按照职务高低穿着不同色彩的官服，用色彩区分官位的高低。而在清朝八旗兵以正黄、镶黄、正白、镶白、正蓝、镶蓝、正红、镶红八种旗帜为标志，利用色彩区分不同的部队番号。现代军队仍然采用色彩区分不同的兵种，我国海、陆、空三军仪仗队是利用色彩进行区分的，陆军军服颜色采用松枝绿、海军军服颜色为白色、空军军服颜色为蓝灰色（图 1-1-11）。

　　现代社会色彩标识可以起到强化品牌形象和个人风格的作用。例如，可口可乐、麦当劳、红十字协会标志的红色；交通银行、建设银行、ISO 9001 质量管理体系标志的蓝色；农业银行、绿色食品标志的绿色等。色彩构成视觉识别的重要组成部分，起到了增强公众的记忆力、信息传递、视觉识别和视觉形象展示等作用。

　　美国苹果公司联合创办人乔布斯十几年一直穿三宅一生为他设计的黑色圆领衫（图 1-1-12），他这一套着装就成为他的代表标志，色彩帮助他强化了个人的风格和穿着理念，简单的穿着、简约的设计成了他和他的品牌象征。黑色也是日本设计师川久保玲的代表颜色，无论是她本人的穿着还是她颠覆性的作品，黑色成为她风格中重要的元素（图 1-1-13）。另外，被冠以"时尚坏小子"绰号的法国服装设计师让·保罗·戈尔捷，经常穿他标志性的海军圆领衫（图 1-1-14），以及日本艺术家草间弥生标志性的口红和红色的头发等（图 1-1-15）。在时尚界带有风格性色彩的设计师和品牌数不胜数。总之，这些企业家、时尚设计师和艺术家们，无不利用色彩标识效应来强化个人风格和品牌风格特征。

图 1-1-11　中国海陆空三军仪仗队

图 1-1-12　乔布斯

图 1-1-13　川久保玲

图 1-1-14　戈尔捷

图 1-1-15　草间弥生

七、抒情功能

　　色彩能够抒发人类情感、表达情绪，传递精神气息。色彩的抒情性具有直观的视觉效果，古今文人雅士、艺术家和设计师们经常利用色彩抒发个人情怀，借用色彩语言表达和传递信息，寻求心灵寄托。例如，唐代诗人王涯的《春游曲》写道："万树江边杏，新开一夜风。满园深浅色，照在绿波中。"意思是颜色深浅不同的杏花照在一江碧溁溁的春水之中，诗人借用深浅不同的杏花颜色，描绘春天的景色。唐代诗人白居易的《长恨歌》中一段写道："芙蓉如面柳如眉，对此如何不泪垂。春风桃李花开日，秋雨梧桐叶落时。西宫南内多秋草，落叶满阶红不扫。梨园弟子白发新，椒房阿监青娥老。"看到芙蓉和柳叶，想起她的面容，睹物思人触景生情不免流泪。春风吹开桃李花，但已物是人非，秋雨滴落在梧桐叶上，场面寂寞而惨凄。兴庆宫和甘露殿到处长满了秋草，秋天的落叶满台阶已经好久没有人打扫。当年的梨园弟子们个个新添了白发，后妃宫殿中的女官们也已经红颜退尽。诗人借景物和色彩抒发了个人的情绪和人生感悟。

艺术家同样利用色彩抒发情感，挪威表现主义画家蒙克在1893年创作出他的油画《呐喊》。蒙克自己曾叙述了这幅画的由来："一天晚上我沿着小路漫步，路的一边是城市，另一边在我的下方是峡湾。停步朝峡湾那一边眺望，太阳正落山，云被染得红红的，像血一样。我感到一声刺耳的尖叫穿过天地间，我仿佛可以听到这一尖叫的声音。我画下了这幅画，画了那些像真的血一样的云。"在这幅画上，蒙克以极度夸张的笔法，运用像血一样的红色表现他极端的孤独和苦闷恐惧之情（图1-1-16）。

借助色彩抒情不仅仅运用在诗歌等文学作品和绘画作品中，在电影、戏剧、舞蹈、艺术设计等艺术领域都需要借助色彩烘托气氛、抒发情感。色彩能够表达人们内心世界，在日常生活中，人们可以借助服饰的色彩变化来抒发情绪。

图1-1-16　蒙克《呐喊》（1893年）

八、色彩调节功能

20世纪初，人们逐渐开始注意到，色彩的功能不仅仅是审美方面的，色彩最突出的功能是能够对人的生理和心理产生影响。色彩专家开始系统地研究色彩对人生理和心理的影响，并且利用色彩对人生理和心理的影响，从应用工程的角度发展出一种色彩调节技术。例如，美国印第安纳波利斯的卫理公会医院，建造的理念是用色彩的力量来改善病人和职工的健康。色彩专家为他们医院提出，使用颜色的多样性增加视觉刺激，将绿色和玫红色组合并将蓝色和桃红色组合，运用在病房区域，并在房间里配上描绘自然景色的彩色影像，用这种色彩调节方式可以帮助病人平静下来，减少病痛、焦虑和压抑感，达到帮助医生进行辅助治疗的效果和目的。另外，在医院我们经常看到医生和护士都穿着白色或浅亮温馨色彩的服装，目的是缓解病人精神痛苦，调节病人心情（图1-1-17）。

色彩调节技术最初应用于医院和工厂，

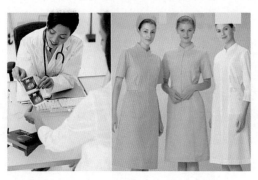

图1-1-17　医生护士服装

后来应用范围逐步扩大，普及到商店、办公室、学校、住宅、服装以及商品的包装和广告等不同的领域。

第二节　色彩性质

一、光与色

色彩是可见光与人的眼睛的产物，人们只有凭借光才能看到物质与色彩世界，从而获得对客观世界的认识。最早是英国科学家牛顿在1666年将光通过三棱镜进行分解，产生了我们现在看到的可见光谱。光谱是由红、橙、黄、绿、青、蓝、紫组成的彩光带，也称连续光谱（图1-2-1）。自然界中的彩虹就是连续的光谱。

光是由一种称为光子的基本粒子组成，光子以光波的形式按照不同频率和波长进行运动。人的视觉可以感知到的电磁波谱，被称可见光谱。可见光谱是整个电磁波谱中极小的一个区域。对于可见光的范围没有一个明确的界限，基本在400～700nm之间（图1-2-2）。可见波的波长决定色彩相貌，紫色的波长最短，红色的波长最长。

光子是光线中携带能量的粒子，是电磁辐射的载体。一个光子能量的多少与波长相关，波长越短，频率越高，而能量也就越高。在可见光中红色波长最长，频率最低，光子能量最少；相反，紫色波长最短，频率最高，光子能量最多（图1-2-3）。

我们生活在缤纷的世界里，眼睛能看到物体和色彩是靠光的反射作用，当光线照射在物体上时，光子表现为粒子形式，有些粒子被物体吸收，有些粒子物体被反射，有些粒子

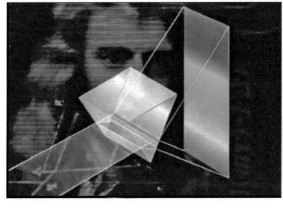

图 1-2-1　连续光谱

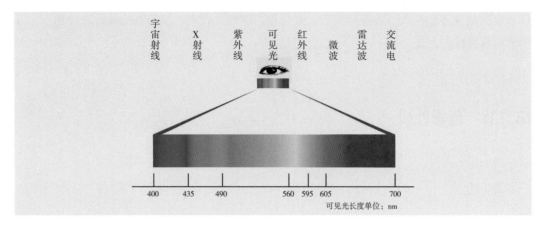

图 1-2-2　可见光谱

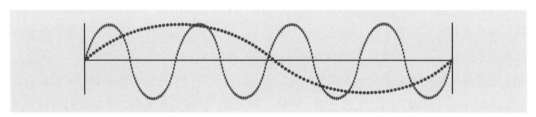

图 1-2-3　波长与频率与光子能量关系图

被物体透射，而反射出来的波长决定了人看到物体的颜色。物体的吸收率和反射率是由物质结构所决定的。不同物质的结构在吸收和反射过程中存在复杂的差异性，所以我们看到的世界是五彩斑斓的色彩世界。例如，当光线照射到物体表面，其他色光都被吸收掉，只有绿色被反射出来时，人眼感受和看到的是绿色；如全部被吸收掉了，人眼感受和看到的是黑色；如全部被反射出来，人眼感受和看到的是白色（图1-2-4）。

　　光的反射大致分为定向反射，漫反射和透射三种形式。定向反射，也称平行反射，是光照射在平滑物体表面，光线朝着一个方向反射，属于有规律的定向反射（图1-2-5）；漫反射是光照射在粗糙物体表面，光线朝着不同方向反射（图1-2-6）；光线穿过透明物体叫透射（图1-2-7）。

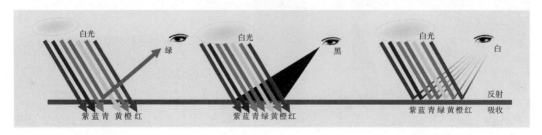

图 1-2-4　光的吸收与反射

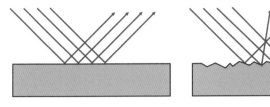

图 1-2-5　定向反射　　图 1-2-6　漫反射

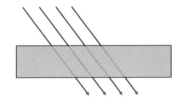

图 1-2-7　透射

二、眼睛与色

　　人对色彩的感觉是由光的反射作用引起的。眼睛对色光的感觉依赖于视网膜，视网膜是视觉的感光部分（图 1-2-8）。在视网膜上分布视觉感光细胞，这些细胞分为视杆细胞和视锥细胞，这些细胞都含有色素分子，这些色素分子能够吸收到进入眼睛中的光线，它们将所接受的视觉信息变为电信号，在视网膜进行处理后，通过视神经传入大脑，最终使人们产生色彩感觉。视锥细胞比视杆细胞的敏感度高出一万多倍，所以在明亮的光线下比较活跃，能分辨出五彩缤纷的颜色和物体的细节。视锥细胞又分为感红细胞、感绿细胞、感蓝细胞；而视杆细胞擅长在光线比较昏暗的光线下工作，它只能区别明暗，不能分辨物体的色彩和物体的细节（图 1-2-9）。

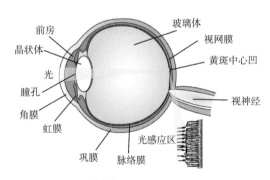

图 1-2-8　眼睛结构

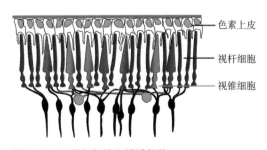

图 1-2-9　视杆细胞和视锥细胞

三、色彩基本属性

　　从物理学的角度可以将世界上所有色彩分为"有彩色系"和"无彩色系"两大类。无论是有彩色系，还是无彩色系，都同时具有色相、明度和纯度三个基本属性。它们是所有色彩的基本构成要素。

（一）色相

色相是指色彩的相貌特征。例如，红色、玫红、紫色、蓝色、黄色、绿色等。色相可以分为光源色相和物体色相。

1. 光源色相

光源色相是由可见光谱的波长决定，不同波长代表不同相貌色彩，每个颜色都对应相应的色彩，红、橙、黄、绿、青、蓝、紫按照自然规律依次排列在400～700nm之间。

2. 物体色相

一切物体所呈现的颜色都是光照射的结果。两种因素决定了物体所呈现出的色相特征。一是，光谱的构成；二是，物体表面结构对光的反射和吸收率。当光谱构成完整，物体的物质结构对光的反射和吸收率相对稳定时，人们就能感受到相对真实的色彩，也就是我们常说的"固有色"（图1-2-10）。另外，当光谱构成不完整，物体的物质结构反射和吸收光无论怎样稳定，人们也无法感受到真实的色彩相貌。另外，同一个物体在不同光源和不同环境下也会呈现出不同的色彩感觉。

（二）明度

明度是指色彩的明亮程度，也称色彩的深浅度。明度深浅差别是由振幅和反射率两种因素决定的。

1. 明度与振幅

振幅是光在运动过程中呈现的一种状态，是峰和谷之间的落差。波长相同，振幅不同，就会呈现不同的光亮差别。振幅大的亮度高，振幅小的亮度低（图1-2-11）。光源的振幅不同，其明亮程度就不同。例如，50瓦的电灯比100瓦的电灯振幅小，所以亮度要低于100瓦的电灯。

2. 明度与反射率

反射吸收率是指物体反射和吸收光粒子的能力。物体反射力越强，明度越高；反射率越弱，明度也就越低。最亮的白颜色，大约只吸收了15%左右的光粒子，其他的都被反射出

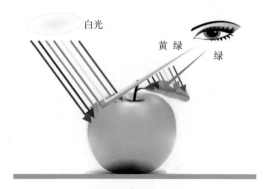

图1-2-10　完整光谱下的色彩感受

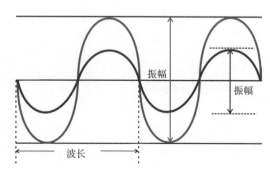

图1-2-11　振幅与明度关系

去。所以自然界没有百分百的白色。如果反射率在10%以下时，人的视觉感觉就是黑色。其他的灰色中吸收率低的，视觉感觉到的就是浅灰色，灰色中吸收率高的，视觉感觉到的就是深灰色（图1-2-12）。

图 1-2-12 反射与吸收

物体表面的肌理也会使明度发生微妙的变化，表面光滑的物体比表面粗糙的物体明度要略高。例如，同样是红色面料，红色的丝绸面料比红色的呢子面料视觉感觉要更亮一些（图1-2-13）。

图 1-2-13 明度与肌理

（三）纯度

纯度又称彩度或者饱和度，既是指可见光谱的单纯程度，也是指色彩的含灰程度和鲜艳程度，所以纯度可以分为光源纯度和物体纯度。

1. 光源纯度

光源纯度同可见光谱的单纯和丰富程度相关。当可见光谱单纯时，光源的纯度就高；相反，可见光谱丰富时，光源的纯度就低（图1-2-14）。

2. 物体纯度

物体纯度的高低，取决于物体反射光谱的宽窄及光源的单纯和丰富程度。在可见光谱同样丰富情况下，物体的物质结构对可见光谱选择越窄时，色彩的纯度就越高；物体的物质结构对可见光谱选择越宽泛，色彩的纯度就越低。无彩色系对可见光谱选择最宽，所以

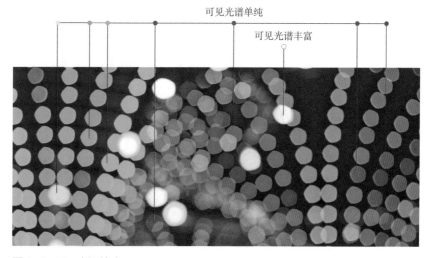

图 1-2-14 光源纯度

它们的纯度最低（图1-2-15）。在蒙赛尔、潘通、日本色研体、Coloro色彩研究体系中都把黑白灰无彩色系的等级设为0级。

对可见光选择范围宽　　　　　对可见光选择范围窄

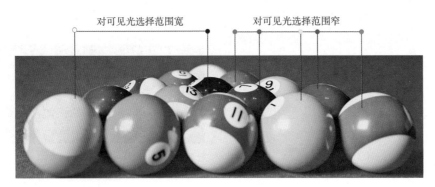

图 1-2-15　物体纯度

第三节　三原色与色彩混合

一、三原色

原色是色彩混合的基础，因为在电子显示、艺术绘画和印刷行业等领域，运用色彩的方式不同，所以不同领域的色彩原色也就不同。

（一）电子显示三原色

电子显示屏技术属于光学范畴，采用的三原色分别是红色（Red）、绿色（Green）、蓝色（Blue），是国际通用的RGB原色。光的三原色是基于眼睛的生理结构而定义的，因为视网膜上分布有感红、感绿和感蓝神经细胞（图1-3-1）。

（二）色料三原色

这里的色料包括绘画、涂料、油漆、印刷等颜色，理论上讲世界上所有颜色都可以通过不同比例的红、黄、蓝三原色混合出来，而且传统色彩理论一直保持这种观点。但事实上除

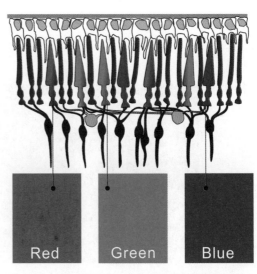

图 1-3-1　电子显示三原色与视锥感光神经关系图

了印刷油墨以外，其他颜料的三原色的系统并不完善，因为它们的混合比较复杂，它取决于颜料的质地、颗粒粗细大小、媒介等多种客观因素。所以，任何定义的三原色所调和配置出来的色彩都有其局限性。例如，用红色和蓝色的绘画颜料是不可能调出明亮的紫色，因为绘画、涂料、油漆、染料等颜料有其复杂性和不确定性。但印刷用的油墨是不同的，国际通用以青色（Cyan）、品红（Magenta）、黄色（Yellow）三种颜色构成基本原色（图1-3-2）。

二、色彩混合

将两种以上的色光或色料混合在一起称作混合。通过色彩混合可以改变色彩的色相、明度和纯度，并获得新的颜色。按照色彩的成分可以分为原色、间色和复色。原色是指不能用其他颜色混合出来的色彩，原色分为色光原色和色料原色；间色是指两种色光或色料混合后的色彩；复色是指含有三种原色成分的色彩。

（一）加光混合

加光混合也称色光混合，加光混合的原色有三种，国际照明委员会规定波长700nm的朱红色光、波长546.1nm的翠绿色光和波长435.8nm的蓝紫色光为色光的三原色。色光三原色分别是红、绿、蓝，即国际通用的RGB（Red、Green、Blue）。

图1-3-2 国际通用印刷三原色

加光混合过程中会出现新的色相，每一种色光都有它对应的互补色光，在色相环上相互对立形成180°的色光称补色色光。将两种补色色光进行混合，如果色光混合比例相当就会产生白色光。如果将两个不是互补色色光进行混合，混合后的色光就会出现纯度降低，明度提高的效果和规律，因明度提高，所以叫加光混合。两种色光相加可以获得加光混合的间色。例如：

朱红色光+翠绿色光=柠檬黄色光（间色）

蓝紫色光+朱红色光=品红色光（间色）

翠绿色光+蓝紫色光=蓝绿色光（间色）

如果对三种原色光，或者两种间色光进行相应比例的混合，就可以产生白色的色光（图1-3-3），白色色光属于复色光。

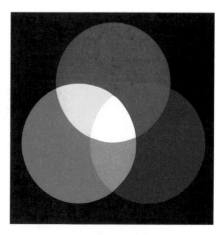

图1-3-3 加光混合示意图

（二）减光混合

减光混合是物质性色彩混合。它们都是物体对色光选择吸收与反射后产生的结果。被物体"吸收"部分色光，也就是"减去"部分色光，故称减光混合。减光混合的特点同加光混合正好相反，它能导致色彩的纯度和明度同时降低。因为不同的色彩混合后，会增加物体的整体吸收光的能力，而反射的能力下降。减光混合包括色料混合和透叠混合两种。

1. 色料混合

色料混合包括绘画颜料、涂料、油漆、染料等，通过对不同色彩的混合调配都可以产生新的色彩，新色彩的纯度和明度都会降低，所以它们都属于减光混合。

例如：

品红+柠檬黄=朱红色（间色）

柠檬黄+湖蓝=翠绿色（间色）

湖蓝+品红=蓝紫色（间色）

如果对品红、柠檬黄和湖蓝进行相应比例的混合，就可以产生棕黑、蓝黑或者黑灰色（图1-3-4）。

2. 透叠混合

透叠混合是指透明或半透明物质的叠加。包括彩色玻璃、彩色胶片、透明塑料薄膜、透明PVC，以及水彩颜料和油墨等具有透明性质的物质材料。透明材料通过相互叠加会产生新的颜色，新颜色的透明程度会减弱，同时色彩的明度也会降低，并产生减光的效果（图1-3-5）。

（三）中性混合

中性混合是指不改变色光和颜料本色，通过使色彩面积变小、空间距离拉远和色盘旋

图1-3-4 减光混合示意图

图1-3-5 透叠混合

转产生的混合现象，中性混合包括空间混合和机械力混合，它们既不属于加光混合也不属于减光混合，所以称为中性混合。

1. 空间混合

空间混合也称视觉混合，是因色彩面积大小和观看距离远近产生的混合现象。当视标色彩大小为1.46mm，眼睛距离目标物体5m远时，视标开口单位与眼睛形成1分视角，在视网膜形成的视像大小是大约一个椎体细胞的大小，观看者能够看清色彩个性特征。但观察距离大于5m，或者在1.46mm视标开口单位挤进两个或两个以上视标色彩时，眼睛没有办法辨别色彩细节，色彩个性特征减弱，会产生视觉模糊的现象，只能看到一个混合的影像（图1-3-6），空间混合是在眼睛中进行的混合，是由于眼睛视觉机能的局限性造成的一种视觉错觉现象，我们把这种现象叫空间混合现象。

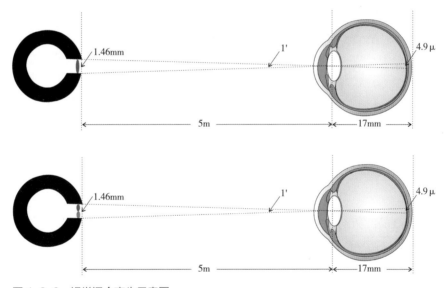

图 1-3-6　视觉混合产生示意图

采用空间混合的方法，能够使混合后新的色彩在明度上既不提高，也不降低，而是各种颜色的平均值。原因是物体的反光已经减去了物体吸收的部分，所以经过空间混合后的色彩，明度低于加光混合，但却高于减光混合。

我们把不同的色彩以点、线、网、小块面等形状交错杂陈地画在纸上，离开一段距离就能看到空间混合出来的新色。例如，当我们把红色和黄色、蓝色和黄色、玫红和黄色碎成小块颜色，以相间的形式重复排列，通过视觉就会混合出橙色、绿色和红色的色彩印象。而且色点的面积越小，颜色就越难分别，从而混合出另外一种颜色（图1-3-7）；我们将三原色青色、品红和黄色的色点进行并置，会混合出偏中性色的灰色（图1-3-8）；如果对青色、品红色、黄色、蓝色、红色和绿色进行色点并置，会混合出比三原色偏深的灰色（图1-3-9）。

产品设计中利用视觉混合可以平衡色彩对比之间的关系，降低视觉对比度，同时达到协调、增加色彩层次和丰富色彩的视觉效果。如图1-3-10款式设计中共用灰色、绿色和紫色三种色彩，但利用空间混合的原理，缩小绿色和紫色的面积，并交错重复排列，我们可以感受到第4种色彩的存在，用少量的色混出较多的色彩层次。

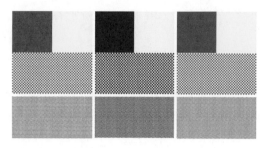

图1-3-7　两色混合效果

图1-3-8　三原色混合效果

近现代的彩色胶版印刷的方法就是利用空间混合原理，借助疏密不一的极小的原色点，混合出极丰富而真实感极强的色彩。中性混合的基础是物质颜料，三原色是青色（Cyan）、品红(Magenta)、黄色(Yellow)。因为在印刷中通过三原色不能得到纯黑的颜色，所以补充黑色（Black）用于暗度的补偿，这是国际通用的CMYK色彩模式（图1-3-11）。有些色料可以用原色调和出绝大多数理想色彩，但有些色料即使用原色也调和配制不出来所需的色彩。例如，明亮的紫色，印刷

图1-3-9　六色混合效果

油墨就可以通过品红和湖蓝两个原色的叠加而获得；而颜料中明亮的紫色是不能用品红加湖蓝调制出来，这两种色彩相调和会产生明度和纯度较低的暗紫色（图1-3-12）。

2. 旋转混合

旋转混合也称机械力混合，是通过外部旋转力对色彩进行混合的一种方式。如果在色

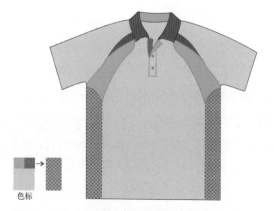

图1-3-10　空间混合在款式设计中应用

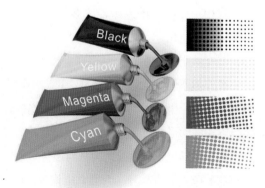

图1-3-11　CMYK色彩模式

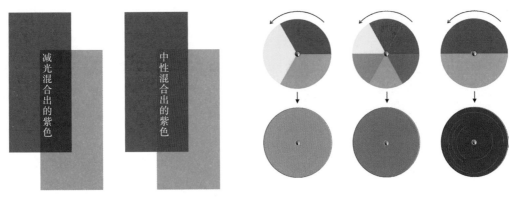

图 1-3-12　减光和中性混合效果对比图　　　　图 1-3-13　旋转混合

盘上将三原色品红色、黄色和青色分成三等分，放置在转动装置上进行旋转，会混合出偏中性色的灰泥色（Stucco）；同样在色盘上将黄色、朱红色、品红色、青色、蓝色和绿色分成六等分，放置在转动装置上进行旋转，会混合出浑浊的虾酱色（Shrimp paste color）；而将品红色和湖蓝色进行混合可以得到深紫色（Deep lavender）。利用旋转混合出的紫色，比用加光混合方法混合出的紫色暗，但又比减光方法混合出的紫色浅亮一些（图1-3-13）。

通过对三原色和六种颜色进行两种方式中性混合的验证，发现空间混合和旋转混合产生的色彩在色相上略有差别。空间混合会产生的颜色比旋转混合会产生的颜色要偏暖一些，但整体色彩倾向是基本一致的。

第四节　色彩标识系统

色彩制造业是一种高成本的行业，大量生产特定范围内的颜色可以降低生产成本使成本保持在较低的水平。所以纺织服装相关产业制造商们会以色彩体系为核心建立属于自己品牌的畅销色，这些畅销色往往都是由专业机构研究提供的，制造商围绕此色彩范围进行纺织服装的设计和制作。

为了让人们更加方便地认识、理解和准确方便使用色彩，科学家、色彩学家和艺术家们从不同角度研究建立科学合理的色彩体系，他们对数以万计复杂的色彩进行梳理分类构成了严谨的色彩体系。主要包括蒙赛尔色系统（美国）、奥斯特瓦尔德色系统（德国）、瑞典自然颜色系统、日本色系统、潘通色系统（美国），以及中国的Coloro色系统。本书重点介绍现代色彩排序创始人伯特·亨利·蒙赛尔创立的蒙赛尔色彩系统、国际通用的潘通色彩系统和中国纺织信息中心研制的Coloro色彩系统。

一、蒙赛尔色彩系统

伯特·亨利·蒙赛尔在19世纪末期受地球仪三维空间的启发绘制了色彩球状图色立体，外观像一颗不对称的树，所以也称色树（图1-4-1）。蒙赛尔色立体以10个颜色作为主色，每一种颜色又进一步分成10等分，构成100色的色相环（图1-4-2），每一个色彩根据所在位置都有相应的色相代码，如1Y、2Y、3Y、4Y、5Y、6Y等是黄色的色标号。

蒙赛尔色立体以色相（H）、明度（V）、纯度（C）三个维度作为色彩清晰的测量标准（图1-4-3）。明度分为11个色阶，将黑色标示为0，白色标示为10。各层水平面上所有色彩的明度都相同，有彩色中黄色明度最高在第8级；蓝紫色最低在第3级；红色、蓝色、紫色、紫红色明度相同位于第4级；绿色和蓝绿色位于第5级；橘黄色位于第6级；黄绿色位于第7级（图1-4-4）。

蒙赛尔色立体纯度分为0~14个色阶，无彩轴定位0级，有彩色中红色纯度最高在14级；纯度最低的是蓝绿色在6级；黄色、橘黄色、蓝紫色、紫色和紫红色的纯度为12级。而在各个页面同一垂直方向色彩的纯度相同（图1-4-4）。

每个色彩根据它的位置按照色相、明度和纯度都有相应的编号，编号顺序为HV/C，例如，5Y8/12的色彩，5Y指色相级；8为明度级；12为纯度级（图1-4-4）。

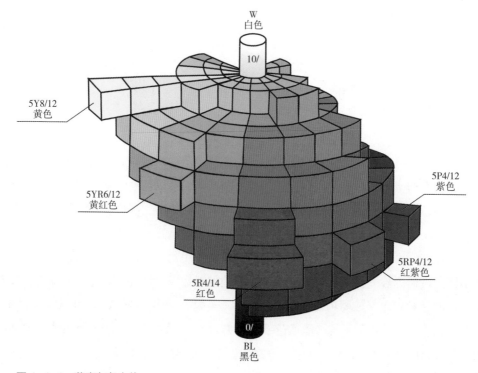

图 1-4-1　蒙赛尔色立体

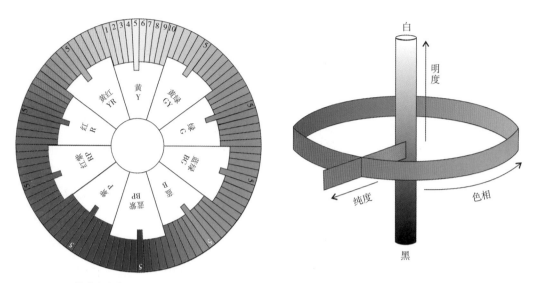

图 1-4-2　蒙赛尔色相环　　　　　　　　　　图 1-4-3　蒙赛尔色立体维度示意图

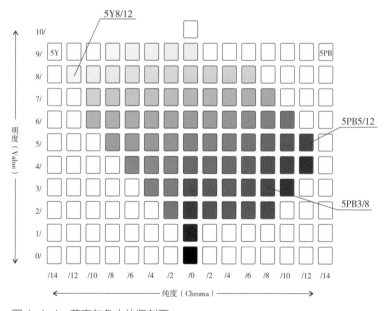

图 1-4-4　蒙赛尔色立体竖剖面

二、潘通色彩系统

　　美国的潘通（PANTONE）色彩研究所是由潘通有限责任公司赞助、发起的色彩研究机构，是国际色彩交流系统的发起者，也是色彩系统的供应商。PANTONE色卡是交流色彩信息的国际统一标准语言，为包括数码技术、纺织服装、印刷、塑胶、建筑以及室内设计等行业提供专业的色彩信息。

PANTONE色立体外观为立体圆柱形，由色相、明度和纯度构成。外环代表色相；垂直方向代表明度；水平方向代表纯度（图1-4-5）。

PANTONE色彩体系共提供从01黄色至64黄绿色全色相环色彩，这64个分区涵盖了所有的纯色，00代表了中性点（图1-4-6）；垂直方向标注的是明度，明度有九个级别，通过数字11到19标注，黑色处在第19级，白色处在第11级，这确保了所有白和黑之间的明度值可以快速确定（图1-4-5）；水平方向标注的是纯度，它被划分成65个阶层，00级代表最低纯度，64级代表最高纯度（图1-4-7）。由色相、明度与纯度共同构建了一个可以定义37440个色彩的体系。

PANTONE产品色卡可以为客户提供2310个标准色彩，并建立了一个可行的方法来识别颜色，每个颜色都有一个独特位置系统的颜色空间，可以精确定义每一个色彩。如17-1664TPX色彩编号（图1-4-8），17代表明度位置（图1-4-9）；16代表色相位置（图1-4-10）；64代表纯度位置（图1-4-7）。TPX结尾的色号标明是纸版印的色卡，TCX是纯棉布做的色卡，虽然两者的颜色相同，但颜色效果上存在一定的差别。

图 1-4-5 PANTONE 色立体

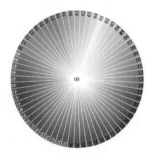

图 1-4-6 PANTONE 色相环

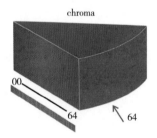

图 1-4-7 PANTONE 纯度立体显示图

图 1-4-8 红色色码编号

图 1-4-9 红色明度级别

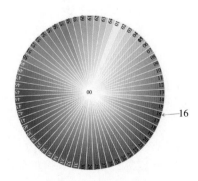

图 1-4-10 红色色相编号

PANTONE除了建立了一个可行的方法来识别颜色以外，每种色彩都有色号及英文名称供快速决定色彩之用。例如，PANTONE编号为17-1664的色彩名称是Poppy Red（罂粟红），编号为16-6444的色彩名称是Poison Green（毒药绿），编号为18-4140的色彩名称是French Blue（法国蓝），编号为17-3730的色彩名称是Paisley Purple（佩斯利紫色）（图1-4-11）。PANTONE便携式的设计是采购样品、客户或供应商会议及现场检视的理想专业色彩工具。

PANTONE 17-1664 TPX　　PANTONE 16-6444 TPX　　PANTONE 18-4140 TPX　　PANTONE 17-3730 TPX
Poppy Red　　　　　　　　Poison Green　　　　　　　French Blue　　　　　　　Paisley Purple

图 1-4-11　PANTONE 色彩名称

三、Coloro 色彩系统

Coloro色彩系统的前身是CNCSColoro色彩系统，是由中国纺织信息中心（CTIC）旗下的科学家和色彩专家们，经过20多年的开发研制的色彩系统。2016年中国纺织信息中心（CTIC）与全球最大的趋势预测机构WGSN共同合作，主要针对全球多元化种类的知名品牌和零售商的颜色应用进行联合研究，为了把色研体系进一步推向国际市场，后将色彩体系更名为Coloro色研体系。该系统经过综合且详细的测试，以人眼看颜色的方式，开发了色彩体系，是一种独立于材质、技术和现有色彩库的国际通用色彩语言。为时尚和纺织品供应链的工作者们在色彩创意、趋势预测、色彩设计、产品开发、生产、市场等各个环节提供了一种精准、高效一致的色彩语言。

Coloro色彩系统是一个科学的色彩体系，是一个全新的色彩视觉编码系统，按照色彩明度、色相和彩度三大基本属性，可以定义出百万个颜色的确切色号。Coloro色彩体系是基于一个逻辑性的3D模型（图1-4-12）。垂直方向代表明度；水平方向代表彩度；赤道外环代表色相（图1-4-13）。

整个体系有160级色相环（图1-4-14）；纵向100个明度级，0级至99级，0级代表黑色，99级代表白色；横向由100个彩度级构成，也是从0级至99级，0级代表无彩色，99级代表最高彩度的色彩（图1-4-15）。

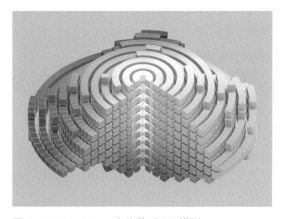

图 1-4-12　Coloro 色彩体系 3D 模型

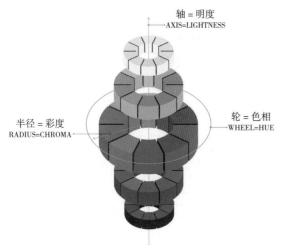

图 1-4-13 Coloro 色相/明度/纯度示意图

图 1-4-14 Coloro 色相环

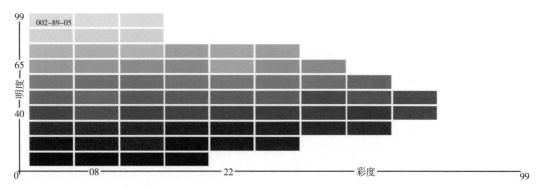

图 1-4-15 Coloro 色彩体系剖面图

Coloro色彩体系由色相、明度与彩度三者共同构建了一个可以定义160万个潜在颜色的色彩模型。在这个模型中每个颜色都有一个特定的七位数色彩编码，每一个编码代表这个模型中唯一确定的点。编码按照色相—明度—纯度顺序排列，如编号为001-43-34的色彩，表示在色相环上第001号，明度为43级，彩度为34级（图1-4-16）。

Coloro里的每一个颜色都能找到自己所对应的科学编码，真正实现"一个体系，一个颜色，一个编码"。Coloro标准色提供的染色参考配方和数据支持，可大大提高打样效率和准确率，节约客户时间（图1-4-17）。

Coloro产品收录了3500个颜色，3500个颜色按照色相排列，分布于63个不同颜色的文件夹中。其中58个为色彩文件夹，5个为灰色文件夹（图1-4-18），以5cm×5cm可抽取式双层涤纶色片呈现（图1-4-19），方便抽取查看。产品提供3个空白文件夹，方便设计师在进行色彩搭配或色彩企划时使用。

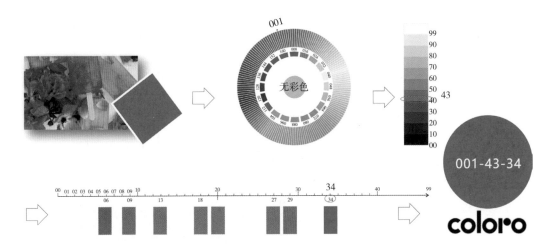

图 1-4-16　Coloro 色彩编号示意图

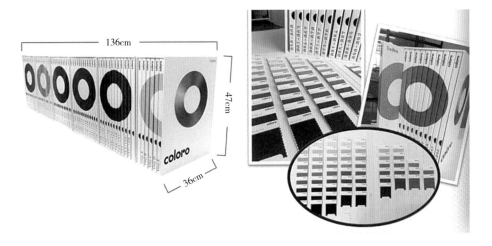

图 1-4-17　Coloro 色彩体系剖面

图 1-4-18　Coloro 产品体系排列

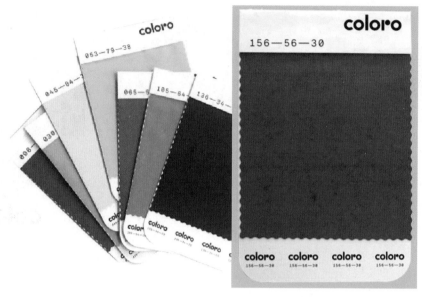

图 1-4-19　Coloro 可抽取色卡

思考与练习

1. 色彩的主要功能有哪些？
2. 色彩基本属性是什么？
3. 光源色相与物体色相的特点是什么？
4. 光源明度与物体明度的特点是什么？
5. 光源纯度与物体纯度的特点是什么？
6. 视锥细胞与光三原色的关系是怎样的？
7. 色彩包括哪几种混合方式？每种混合的特点是怎样的？
8. 色彩体系的商业作用是什么？

理论与实践

第二章　色彩命名

课题名称： 色彩命名

课题内容： 色彩名称特点　色彩名称分类

课题时间： 4课时

教学目的： 本章主要讲述色彩名称特点与分类，目的是使学生掌握更多的色彩名称，在收集色彩名称过程中了解色彩流行趋势。

教学要求： 1. 了解色彩名称的特点和色彩名称的分类。

　　　　　　2. 建立属于自己的色彩信息档案。

课前准备： 收集色彩名称资料。

第一节　色彩名称特点

　　色彩作为一种语言在人们交流和传达的过程中起到重要的作用。在人类长期发展过程中，因各个国家地区的政治、经济、文化、信仰和民俗习惯的不同，以及民族文化交流和科学技术等因素的影响，不同历史时期和不同地区的人们，对色彩比喻描述的方式也不同，所以色彩名称也就带有以下特点。

一、历史时代性特点

　　色彩名称是人类在长期的社会活动和文化交流中逐渐形成的，所以色彩名称带有强烈的历史时代性特点。例如，红色是中华民族最喜爱的颜色，甚至成为中国人的文化图腾和精神皈依，代表着喜庆、祥和与富贵。中国人喜爱的红色多指大红色，中国古代称其为"绛"。许慎编写的《说文解字》中曰"绛，大赤也。"指的就是"大红色"，也称"正红"。南朝文学家江淹所作五言诗《咏美人春游》其中有一句为"白雪凝琼貌，明珠点绛唇。"的诗句，这里的"绛"就是指大红色。现代中国人把它称为"中国红"，因为中国人近代以来的历史就是一部红色的历史，承载了国人太多红色的记忆。红色从原有喜庆、祥和、富贵增递到革命和荣傲的象征，而名称也从古代的"绛""大赤"到了今天的"中国红"，红色的称呼在中国随着历史的变迁发生了转变。

　　色彩的历史时代特点，除了表现在一个色彩在不同历史时期叫不同的名称以外，还有另外一个特点，就是在不同历史时期会出现一些新的色彩名称。例如，18世纪出现的"珍珠色""铅色"，19世纪出现的"刚果红""冰红色""孔雀绿"，20世纪60年代出现的"苹果糖红""科美绿"，20世纪70年代出现的"奶油色""梨色""水蓝色"，20世纪80年代出现的"彩陶色"，以及当今21世纪流行的"荧光粉""荧光绿""科技蓝""太空灰""雷霆灰"等新的色彩名称。

二、文化地域性特点

　　由于不同国家民族的生活环境、历史文化、宗教信仰和风俗习惯的不同，所以色彩名称就会带有明显的地域性特点。例如，波斯蓝，是因波斯产的两种有名的商品而得名，一是波斯产靛青色的布料，二是波斯产蓝色的陶瓷。带有地域性特点的色彩名称比较多，包括地中海蓝、英伦绿、法国蓝、中国红、佩斯利紫等。色彩文化的地域性特点还表现在同一个色彩在不同地区的名称不同的现象。例如，"波斯蓝"在中国也称"靛蓝""青花蓝"，这些带有强烈地域性的色彩名词，反映了不同国家和地区的历史文化和民俗文化的不同。

三、专属性和泛指性特点

色彩名称带有专属性和泛指性的特点，专属性是指色彩名称只能由其独自享用，如品红、柠檬黄、枣红、罂粟红、松石绿等色，如果将这些色彩的色相、明度和彩度进行微妙的调整，都会失去它原有的色相特征。所以它们色彩名称的专属性比较强，是不可替代的。而有一些色彩名称代表的色调范围就相对比较广，如橄榄色的泛指范围相对比较广（图2-1-1），可以从橄榄和橄榄枝中提取不同深浅和不同冷暖的橄榄色，图中的五个色彩都可以称为橄榄色，所以橄榄色更具有泛指性的特点。还有许多颜色具有泛指性的特点，如茶色、薄荷绿、桃粉色等色彩。

产生色彩名称专属性和泛指性特点的原因，在于色彩对象本身反射光谱范围的宽窄，如果被比喻色彩对象本身反射光谱范围比较狭窄，色彩层次少，色彩名称专属性就强。例如，罂粟红（图2-1-2），整朵花的颜色非常统一。相反，如果被比喻色彩对象本身反射光谱范围比较宽泛，色彩层次多，色彩名称专属性就如图2-1-3中这几种绿都可以称为薄荷绿。

图 2-1-1 橄榄色

图 2-1-2 罂粟红

四、一色多名特点

色彩名称的另一个特点是同一种颜色有多种不同的名称，如"普鲁士蓝"是由于他的发现者是德国人，便给他起了普鲁士蓝的名字。普鲁士蓝又称铁蓝、柏林蓝、中国蓝；舍勒绿就是不同深浅的橄榄绿色；爱丽丝蓝可称雪粉蓝；皇家蓝就是宝石蓝；普紫色也可称帝王紫，这种对一种颜色有多种称呼在时尚界也是比较普遍的现象。

图 2-1-3 薄荷绿

产生一色多种名称的主要原因，一是被比喻事物的吸收率和反射率基本相同，也就是色相、明度和纯度比较接近，如番茄和樱桃的色彩属性比较接近，有称其为"番茄红"，也有有称其为"樱桃红"，更有人把它们合称在一起叫"番茄樱桃红"；二是某种色彩经常被特殊群体独自享用，使色彩形成具有特殊的地位与名称，如"宝石蓝"因为被英国皇室惯用，所以又被称为"皇家蓝"；在古罗马"普紫色"被国王和王后所独有，大臣只能用在门襟上，包括现在一些皇室的王冠仍然使用这种紫色，所以"普紫色"也被称为"皇家紫"；三是前面讲过的色彩文化地域性特点不同所产生的同色不同名的情况。

第二节　色彩名称分类

人的眼睛能够识别几百万种不同色相、明度和饱和度的色彩，但人们在生活中常用的色彩词汇是有限的，这对于从事时尚设计者来说是远远不够的。对于全球时尚产业迅速发展的今天来说，每个色彩拥有相对特定的色彩名称，对传达正确的色彩信息至关重要。所以我们对色彩名称进行分类与梳理，以便我们利用较短的时间识别更多的色彩。

在色彩信息交流过程中，人们为了把色彩描述的准确和清楚，就要尽可能地找到彼此熟悉的事物进行比喻性的描述。所以对色彩的描述带有一定的比喻性，如橘红色、砖红色、珊瑚红等。也有利用色彩色相、明度和彩度等属性特点进行描述的，如暗红、浅粉、淡黄等，这些都是准确传达色彩信息的重要方法和手段。依照对色彩比喻和描述的方式，人们将色彩名称按照比喻性命名和属性命名进行分类。

一、比喻性命名

1. 以饮食比喻的色名

芥末绿、芥末黄、燕麦灰、香料色、酒红色、红豆沙色、香槟色、乳白色、胡椒白、米黄色、蛋黄色、绿豆沙色、咖啡色、栗色、奶咖色、茶色等（图2-2-1）。

2. 以果蔬比喻的色名

橘黄色、橘红色、石榴红、梨红、葡萄紫、杏黄色、番茄红、枣红、茄紫色、夏日无花果、西瓜红、蜜桃色、柚红色、青柠色、橄榄绿、南瓜黄等（图2-2-2）。

3. 以植物比喻的色名

樱草色（是指各种颜色樱草花的黄色花心）、草木绿、薄荷绿、薰衣草紫、紫罗兰、丁香紫、苔藓绿、亚麻色、玫红、桃粉色、车菊蓝、小麦色、芽黄色、肉桂色、胡椒茎、枫

图 2-2-1　以饮食比喻的色名

图 2-2-2　以果蔬比喻的色名

叶红等（图2-2-3）。

4. 以动物比喻的色名

象牙白、孔雀绿、孔雀蓝、野鸭蓝、鹅黄色、鲨鱼灰、鲑鱼色、蟹壳青、驼色、鹿棕色、鹦鹉绿、鼠灰色等（图2-2-4）。

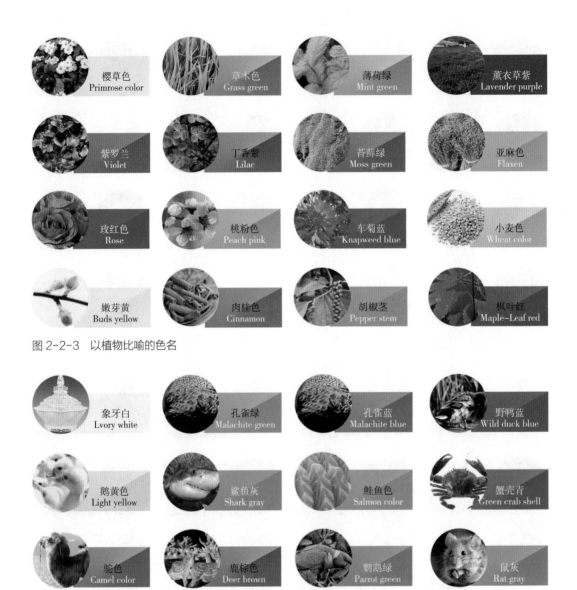

图 2-2-3　以植物比喻的色名

图 2-2-4　以动物比喻的色名

5. 以人造器物比喻的色名

瓷白、卡其色、青铜绿、豇豆红、水泥灰、砖红色、瓶绿色、烟灰色、瓦灰色、牛皮纸、焦糖色、胭脂红、生物青柠绿、超青色、超亮粉色、数码蓝、荧光绿、荧光黄、荧光粉、雷霆灰等（图2-2-5）。

6. 以自然矿物比喻的色名

湖蓝、海蓝、碧绿色、深水绿、电光蓝、极光绿、烈焰红、熔岩红、沙漠色、土红色、土黄色、天蓝色、宝石蓝、铁锈红、松石绿、紫水晶、琥珀色、青金石、珊瑚红、珊瑚粉等（图2-2-6）。

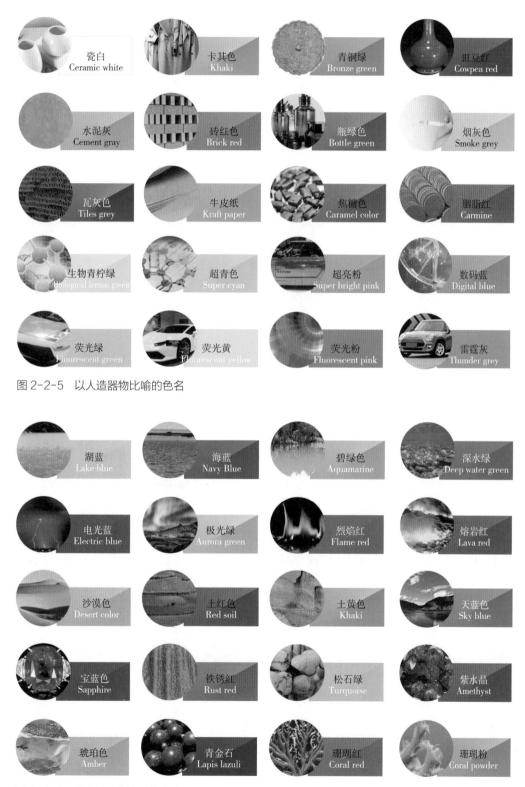

图 2-2-5 以人造器物比喻的色名

图 2-2-6 以自然矿物比喻的色名

7. 以地域比喻的色名

地中海蓝、加勒比蓝、尼加拉蓝、波斯蓝、中国红、法国蓝、英伦绿、秘鲁色、普鲁士蓝、波尔多红、荷兰橙、佩斯利紫等（图2-2-7）。

8. 以人物命名的色名

铁线莲梅根、克莱因蓝、圣母玛利亚蓝、爱丽丝蓝、提香红、舍勒绿、凡戴克棕、毛弗紫等（图2-2-8）。

9. 以著名品牌命名的色名

巴宝莉卡其、华伦天奴红、路易·威登棕、爱马仕橙、安娜苏紫、蒂芙尼蓝、汤姆·布朗灰，以及最近比较流行的品牌反社会社交俱乐部粉（图2-2-9）。

10. 以情感渲染命名的色名

甜美浅粉色、清新薄荷绿、恬静淡蓝色、优雅淡紫色、迷幻紫、深邃蓝、皇家蓝、帝王紫、徒步绿等（图2-2-10）。

图 2-2-7　以地域比喻的色名

图 2-2-8　以人物命名的色名

图2-2-9 以品牌命名的色名

图2-2-10 以情感渲染命名的色名

二、以色彩属性命名

属性命名是围绕色彩属性特点进行的色彩描述与命名，主要以色相、明度、纯度和冷暖为导向的色彩命名。

1. 以色相为导向的色名

红色、黄色、蓝色、绿色、紫色、蓝紫色、蓝绿色、紫红色、黄绿色等以色相为导向的色名（图2-2-11）。

图2-2-11 以色相为导向的色名

2. 以明度为导向的色名

浅蓝、深蓝、暗红、浅粉色、深紫色、深绿、中绿、浅绿、深灰、浅灰、浅绛红、深青莲、暗粉红、暗玫瑰色等以明度为导向的色名（图2-2-12）。

图2-2-12 以明度为导向的色名

3. 以纯度为导向的色名

鲜红、明亮紫、脏粉、灰紫色、灰绿色、灰褐色、灰黄、深灰蓝、浅莲灰等以纯度为导向的色名（图2-2-13）。

图 2-2-13　以纯度为导向的色名

4. 以冷暖为导向的色名

暖灰色、冷灰色、偏暖味的绿色和偏冷味的绿色等以冷暖为导向的色名（图2-2-14）。

图 2-2-14　以冷暖为导向的色名

通常我们在对比较概括性的场景和事物进行色彩描述时会使用色彩属性名称。例如，李清照在《鹧鸪天》词中写道："暗淡轻黄体性柔，情疏迹远只香留。何须浅碧深红色，自是花中第一流。"她在这里围绕着色彩的色相和明度对黄色、碧绿色和红色进行概括性描述，不指某一种特定的花和事物。

思考与练习

1. 同一种色彩为什么在不同历史时期的名称不同？

2. 给色彩准确命名的目的是什么？

3. 按色系进行色彩名称和服装色彩信息资料的收集与整理。

作业内容：收集整理不同色系色彩信息资料，内容包括粉色系（练习图2-1）、红色系（练习图2-2）、橙色系（练习图2-3）、黄色系（练习图2-4）、绿色系（练习图2-5）、蓝色系（练习图2-6）、紫色系（练习图2-7）、中性色系（练习图2-8）、无彩色系（练习图2-9）。

要求与方法：

①认识识别不同色系色彩，每组色系不少于10种颜色；

②具有比喻性特点的色彩要收集色彩原始信息图片，保证色彩信息的准确性和直观性；

③收集整理与色彩名称对应的服装款式图片；

④作业以PPT形式完成，版面排版美观，构图均衡完整。

淡山茱萸粉

芭蕾舞鞋粉

PANTONE
13-1404 TPX
Pale Dogwood

水晶玫瑰

胭脂粉

甜丁香粉色

粉藕色

裸粉色

绽放大丽菊

干玫瑰色

粉灰玫瑰

Gucci

练习图 2-1　粉色系（潘炫洁—服饰 2018 级）

练习图 2-2 红色系（潘炫洁—服饰 2018 级）

练习图 2-3　橙色系（潘炫洁—服饰 2018 级）

练习图 2-4　黄色系（潘炫洁—服饰 2018 级）

练习图 2-5　绿色系（潘炫洁—服饰 2018 级）

练习图 2-6 蓝色系（潘炫洁—服饰 2018 级）

练习图 2-7 紫色系（潘炫洁—服饰 2018 级）

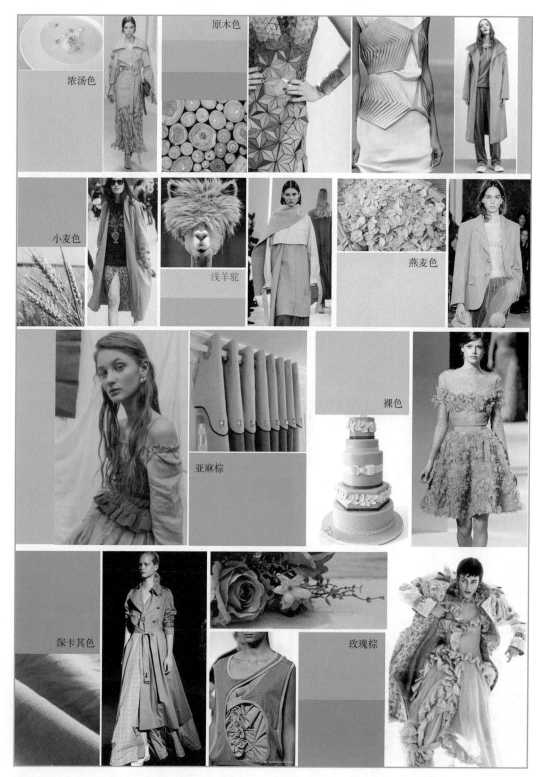

练习图 2-8　中性色系（周佳彦—服饰 2018 级）

练习图 2-9　无彩色系（潘炫洁—服饰 2018 级）

理论与实践

第三章　色彩视觉规律

课题名称： 色彩视觉规律

课题内容： 色彩生理感知特点　色彩同时对比与先后对比

课题时间： 4课时

教学目的： 通过对色彩视觉规律的讲述与梳理，进一步加深学生对色彩的认知与了解，同时通过实践练习使学生了解色彩的感知特点和产生视觉错觉的原因。

教学要求： 1. 掌握色彩视觉规律，了解色彩感知特点。

　　　　　　2. 掌握色彩在不同对比条件下的变化规律。

课前准备： 查阅色彩基础理论信息资料。

人类对色彩的感知是由大脑和视觉神经共同作用下而获得的真实性，由于观看者所处的空间环境和时间节点的不同，以及每个人观看色彩的方式、文化背景、生活环境与经历等不同，我们对色彩感知到的真实性与其色彩本身的物理性存在着差异，这种感知特点也被称为视觉错觉。

人们对色彩的感知特点包括色彩的拮抗性、色彩的适应性、色彩的膨缩感、色彩的进退感等。色彩感知特点的形成与人的生理和色彩对比时的客观条件等因素有关。大多数感知特点的形成都与色彩之间的对比有关，依照色彩对比的空间环境和时间前后顺序等条件，色彩对比可以分为同时对比和先后对比。

第一节　色彩生理感知特点

一、色彩的拮抗性

图 3-1-1　色彩拮抗性示意图 1

色彩的拮抗性是指当一种颜色放在不同的色彩环境中时，会使人产生不同的色彩视觉效果。例如，同样一种红色在黑色和蓝色衬托下显得鲜亮，而在白色和橘黄色衬托下显得略暗淡一些（图3-1-1）；在图3-1-2中偏绿的黄色，在同它比较接近的黄色背景上显得没有在比较深的紫色背景上明亮，这表明色彩对比越强就会把被对比色彩显得更加鲜亮和明亮一些；同一种灰色在红色背景衬托下的灰色感觉偏蓝绿，相反在绿色背景下的灰色感觉偏红，由于周围环境的影响，视觉感知色彩时会把被包围色彩推向其补色方向（图3-1-3）。

图 3-1-2　色彩拮抗性示意图 2

图 3-1-3　色彩拮抗性示意图 3

色彩的拮抗性还表现在色彩面积的改变上，我们把同一种灰色，分别以大块面积和小块面积形状放在蓝色和品红色背景上进行对比观察，大面灰色块受包围色彩影响，把灰色推向背景色的互补色方向，品红上的灰色偏绿，蓝色上的灰色偏黄，与前面灰色在红色和绿色背景上的结果是一样的。但当缩小灰色的面积后发现，灰色被推向背景色的互补色方向的视觉感觉减弱，转为被周围色

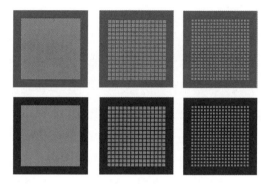

图3-1-4 色彩拮抗性与面积对比关系示意图

彩所同化。品红和蓝色上的灰色都偏向其背景色，而且呈现出面积越小被同化的效果越明显的结果（图3-1-4）。

产生色彩拮抗性的原因是人的眼睛在获得色彩时，视锥细胞中的感红、感绿和感蓝细胞需要对来自目标区域的色彩信号与来自同一场景内区域的信号进行比较，随着信号进入大脑内进行更为高级的处理，细胞们还持续与来自周围更大空间的信号相比较。科学家将这一过程称之为"拮抗过程"。拮抗过程也就是三种细胞平衡对抗的过程，当画面周围是红色，中间是无彩色灰色（图3-1-3），这时主要是感红细胞在工作，但其他的两个感绿和感蓝细胞也在积极参与色彩信息的处理工作，就会把无彩色的灰色推向红色的互补色方向，这也是我们看到的灰色偏蓝绿的原因。视觉产生错觉的结果，是人们对客观事物真实性与事物本身不相符合的感知现象，这种错觉现象普遍存在于我们艺术设计和日常生活中。

二、色彩的适应性

色彩适应性是指人的眼睛对环境明暗变化产生的自我适应过程。例如，人从明亮的室外进入昏暗房间时，瞬间眼前一片漆黑，感觉什么都看不到了，但等过了一会儿就会逐渐辨别出房间的物体。这是不同视觉神经细胞分工不同造成的结果，视锥细胞负责白天工作，主要起识别色彩的作用，当人们突然进入昏暗空间环境时，视锥细胞和负责辨别明暗的视杆细胞要进行交接班，经过几秒的适应后视杆细胞开始工作，这是我们常说的暗适应。相反，从昏暗房间走出进入明亮环境时，视锥细胞同样要利用与视杆细胞交接班时的这个时间差，适应光线突然变明亮的过程，这个适应过程叫明适应。

除了有明适应和暗适应以外还有色适应，色适应就是看见一个颜色后再看另外一个颜色的适应过程。例如，看完黄颜色后再看蓝色，就会觉得蓝色特别的蓝，但过一会儿眼睛适应蓝色后，对其的感觉程度就会减弱，这个过程就叫色适应。色适应是三种不同颜色视锥细胞相互交替工作时的平衡过程。

三、色彩的膨缩感

光波的长短和光的强弱是色彩产生膨缩感的主要原因。波长较长的暖色光和光度强的光对人的眼睛作用力强，当人的视网膜细胞接收到这些色光时就会产生扩张性，因此成像物体的边缘就会形成模糊的边缘带，从而产生膨胀的视觉效果。相反波长较短的冷色光和光度较弱的光对人的眼睛作用力相对弱，因此成像物体的边缘就会清晰，从而产生膨胀的视觉效果。例如，同样宽窄的竖条格，红色和白色看起来都比蓝色略微宽一些，而黑色比蓝色看起来略窄一点。结论是暖色和浅亮的色彩有膨胀感，冷色和深色有收缩感（图3-1-5）。

图3-1-5　色彩膨缩感示意图

四、色彩的进退感

色彩的前进与后退与人们对色彩的感知度有关，在对色彩的感知过程中感觉距离我们近的色彩对眼睛的刺激程度强，感知度就高；相反，感觉距离我们远的色彩对眼睛的刺激程度弱，感知度就低。色彩感知度与色彩的冷暖、彩度、明度和背景对比强度等因素有一定的关系。例如，同样处在高彩度区域的色彩，如果两个相邻颜色的明度基本接近，暖色有前进感，冷色有后退感。（图3-1-6）；同处在高彩度区域的色彩，如果相邻的色彩同是暖色调或冷色调时，明度高的有前进感，明度偏低的色彩有后退感（图3-1-7）；另外，相邻的两个冷暖颜色，如果暖色的明度比冷色的明度低，这时冷色的也会产生前进的视觉效果（图3-1-8）。所以同样处在高彩度区域的色彩，明度在色彩前进感和后退感中起到主导作用。

图3-1-6　色彩进退感示意图1

图3-1-7　色彩进退感示意图2

图3-1-8　色彩进退感示意图3

高明度并不是在所有情况下都有前进感的，如果同一种颜色发生深浅变化，并以渐变递进的方式排列，这时无论是冷色还是暖色，都会出现高明度有后退感，低明度有前进感的视觉效果（图3-1-9）。

背景色对色彩感知度也会产生影响，同一个色彩在不同背景下会产生不同的感知效果。与背景对比强，感知度就高；与背景接近，感知度就低。例如，黄色在黑色、灰色和蓝色背景下都感觉是最醒目色彩，但在与其接近的黄色背景上就没有其他颜色的感知度高（图3-1-10）。

色彩的前进与后退感是相对而言的，并不是绝对的，在不同环境和观看条件下会产生不同的视觉效果。需要我们在生活、工作和研究中进一步完善。

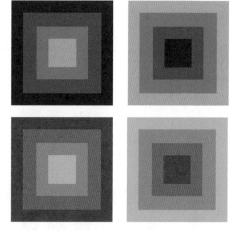

图 3-1-9　色彩进退感示意图 4

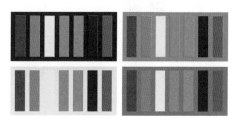

图 3-1-10　色彩进退感示意图 5

第二节　色彩同时对比与先后对比

色彩对比是指两种或两种以上的色彩同时或先后呈现在人们的视野中，从而形成的色彩对比差别现象。色彩对比分为同时对比和先后对比。

一、色彩的同时对比

色彩同时对比是指两种或两种以上色彩同时呈现在人们视线中而产生的色彩对比现象。我们同时观看几种不同色彩时，因色彩具有拮抗性、膨缩感和前进后退感等感知特点，使色彩相互之间产生作用与反作用力，所以会产生不同的视觉效果。在本章第一节色彩感知特点中已对其进行了相关的介绍，在这里我们将进一步研究总结色彩在同条件和同时间对比过程中的视觉规律和特点。我们以同一种颜色进行不同明度和不同纯度对比研究为例：首先，在色立体中任选一个颜色的剖面；其次，沿色立体剖面中纯度区域的垂直方向选出三个不同明度色彩；再次，沿色立体剖面中明度区域的水平方向选出四个不同纯度色彩，其中最左侧为无彩色系灰色；最后将不同明度的三种色彩，分别置于四个不同纯度色彩之上（图3-2-1）。

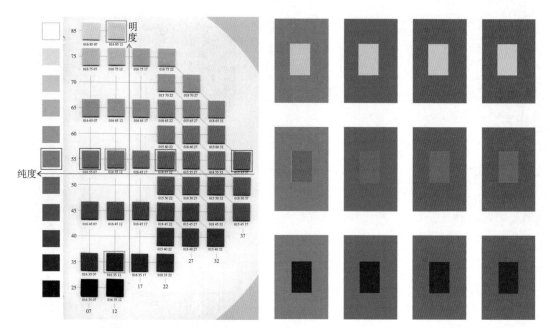

图 3-2-1　色彩同时对比视觉规律

通过观察发现高明度和低明度色彩无论是在高纯度、中纯度或低纯度背景上，其受周围环境色彩影响都较小，只有左下角的低明度色彩在灰色背景上略显深一点，其他颜色基本没有太大的差别。但中明度色彩受周围影响比较大，同一个色彩在低纯度上显得偏暖，色彩感觉略偏深一些；在高纯度上显得偏冷，色彩感觉略偏浅一些。

色彩同时对比所产生的视觉感知特点与规律远不止本章所提及的这些，它受明度、色相、纯度、冷暖、面积、层次和肌理等多方面因素的影响，每一种颜色都会因为相邻色彩的对比与衬托，影响到人们对色彩的判断并偏离其所具有的客观真实性，产生视觉错觉现象，错觉可以使色彩对比时产生更多的可能性和偶然性。就像中国著名艺术家吴冠中所说的："艺术需要错觉，没有错觉就没有艺术。"

二、色彩的先后对比

色彩先后对比是指，人们按照时间顺序观看不同色彩时产生的色彩对比现象。先后对比特点是先看到的色彩会对后面将要看到的色彩产生影响，这种影响不会持续很长时间，但也会产生瞬间的视觉错觉现象。先后对比的视觉规律为，先看冷色后看暖色，暖色会显得更暖；相反，先看暖色后看冷色，冷色会显得更冷。先看灰色后看鲜艳颜色，鲜艳颜色更鲜艳；相反，先看鲜艳颜色后看灰色，灰色更灰。先看浅色后看深色，深色更深；相反，先看深色后看浅色，浅色更浅。产生这样的现象主要是由于视锥细胞平衡工作关系时产生了视觉幻觉。例如，当人们的眼睛一直观看绿色风车时（图3-2-2），视锥细胞中的感绿细胞在努力的工作，其他两个感红和感蓝细胞处在怠工状态，当视线离开绿色风车移向右侧空白画面，这时疲惫的感绿细胞马上休息，而感红和感蓝细胞开始活跃。所以当我们的眼睛离开风车的瞬间就会出现品红色风车的幻影，因为品红是绿色的补色，我们把这种现象叫补色残像。

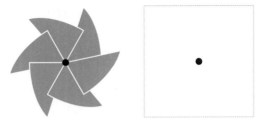

图 3-2-2　补色残像示意图

在色光的三原色和色料三原色中每一个颜色都有与其对应的补色。在色光的三原色红色、绿色和蓝色中，红色的补色是蓝色和绿色叠加形成的湖蓝色；绿色的补色是红色和蓝色叠加形成的品红色；蓝色的补色是绿色和红色叠加形成的黄色（图3-2-3）。

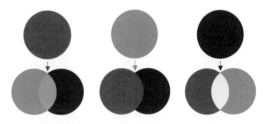

图 3-2-3　色光三原色补色关系图

在印刷色料的三原色品红、黄色和湖蓝色中，品红的补色是湖蓝色和黄色叠加形成的绿色；黄色的补色是湖蓝色和品红叠加形成的蓝紫色；湖蓝色的补色是黄色和品红叠加形成的红色（图3-2-4）。

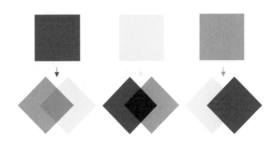

图 3-2-4　色料三原色补色关系图

补色残像不仅会出现在色彩先后对比中，在同时对比中同样存在，而且保持时间更长，影响力更大，在本章节色彩感知特点中色彩的拮抗性、色适应性和同时对比中都有讲述。

思考与练习

1. 相同的颜色在不同色彩环境中为什么不同？
2. 产生色彩拮抗性的原因是什么？
3. 补色残像的原理是怎样的？
4. 色彩同时对比和先后对比的视觉规律是怎样的？
5. 色彩视觉规律研究。

作业内容：色彩同时对比练习。

要求与方法：

①分别将橘黄、灰色、紫色、蓝色填入以下方块中（练习图3-1）。

②认真观察每组色彩对比后的视觉效果，并从色相、明度、彩度和冷暖等方面写出对比结论，说明引起色彩变化的原因。

③要求结论正确，符合色彩感知特点与规律，作业以PPT形式完成。

6. 色彩视觉规律研究。

作业内容：色彩先后对比练习。

要求与方法：

①将视线停留在练习图3-2上面红色圆圈的十字中心，停留大约30秒后向下移至白色画面的十字中心，感受幻觉影像的色彩；

②将视线向下移到图下面蓝色圆圈的十字中心，停留大约30秒后向上移至白色画面的十字中心，感受幻觉影像的色彩；

③根据观看结果和色彩补色残像原理写出色彩先后对比分析结果；

④要求结论正确，符合色彩感知特点与规律，作业以PPT形式完成。

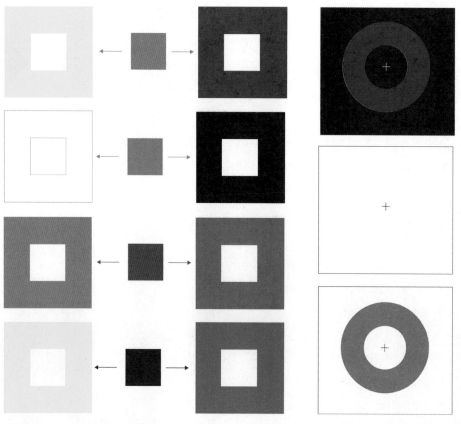

练习图 3-1　色彩同时对比练习　　　　　　　　　　　　练习图 3-2　色彩先后对比练习

理论与实践

第四章　色彩心理

课题名称：色彩心理

课题内容：色彩心理感知特点　色彩象征含义与联想　感官与色彩联觉

课题时间：8课时

教学目的：使学生了解各种色彩和色调的象征含义；了解色彩与人的心理关系；掌握色彩心理感知特点以及色彩共性与个性特点，建立个人色彩表达观念。

教学要求：1. 利用色彩象征性，通过联想和联觉，进行设计转换与情感表达。

2. 学会用抽象形式表达事物内在本质与特征。

课前准备：收集色彩与心理有关的信息资料。

第一节　色彩心理感知特点

色彩心理是通过视觉，从感觉、感知、感情到记忆、思想、象征等情感变化的过程。色彩从客观上讲是对人的一种启发、刺激与象征；而从主观上讲又是一种感觉、反应与行为。色彩在应用过程中，注重因与果的相续性，如看到太阳就会把它与光明、温暖、永恒联系到一起。受到刺激后产生的种种反应，都是色彩心理所要探讨的内容。

色彩对人心理的影响是全方面、多角度的。主要包括色彩的主观性、色彩的常恒性、色彩的轻重感、色彩的冷暖感、色彩的华丽与质朴感和色彩的兴奋与消极感等方面内容。

一、色彩的主观性

色彩本身是没有任何思想和情感的，它们一直是以一种理性的、客观的物理状态存在。当人们看到不同的色彩，就会产生不同的感觉、想法和好恶。这样就形成了对色彩的主观性认知与判断，从而形成了色彩观念。

影响色彩观念形成的原因主要包括两个方面：一是从社会群体角度出发看色彩观念的形成，由于受地域特点、宗教信仰、风俗习惯、社会制度、工作环境、政治态度、民族历史等影响，色彩观念是人类在长期发展过程中积累沉淀下来的。例如，法国人喜欢蓝色、粉红色、高级的中性色，英国人喜欢英伦绿色、蓝色，日本人喜欢黑色、靛蓝色、白色，中国人喜欢红色、黄色，埃及人喜欢绿色，荷兰人喜欢橙色等。中国的苗族人和彝族人喜欢黑色，而蒙古族、藏族和朝鲜族偏爱白色。受地域、环境、民族和时代等因素的影响会形成共性化的色彩观念。二是从人的个体角度出发看这个问题，个人受家庭环境、受教育程度、生活经历、性别、年龄以及个人与生俱来的性格趋向特点等影响，从而形成了个性的色彩观念。例如，偏爱粉色的人希望家里的任何装饰都要用粉色的，而偏爱黑色的人，希望所有东西的色调都可以再暗一些。这种建立在意识形态之上的色彩观念既有共性的一面，也有个性的一面。一般而言，处在同时代、同地域或有类似或相同背景的人们更容易形成共性观念，而一些有独特生活经历或特立独行的人，容易形成个性观念。

心理学家可以通过人们喜欢的色彩判断其基本性格类型。例如，偏爱红色的人性格外向、热情、直率，有占有欲和攻击性；偏爱黄色的人性格自信、独立、有强烈的求胜欲；偏爱绿色的人性格镇定、平和，追求简单平静的生活；偏爱紫色的人性格神秘、高贵、优雅，强烈希望被人肯定；偏爱黑色的人性格冷静、沉稳、独立，有较强的自我保护意识；偏爱白色的人性格大多温和、善良、认真，有很高的要求和自我约束力。

二、色彩的常恒性

色彩的常恒性是指人对某一些熟悉常见的事物产生固有的色彩感知现象。无论被感知的事物处在怎样的色彩环境中，也无论色彩发生了怎样的改变，人们仍然着固守成见的感受认知色彩。例如，当观看者戴着墨镜看天空飘舞的国旗时（图4-1-1），所看到国旗中的白色偏蓝色，红色偏深紫红色，国旗和天空中的蓝色已经变成深蓝色，但无论眼前的色彩发生怎样的改变，观看者执着地认为国旗的颜色依旧是原有的色彩，而天空仍然是他心目中那么蓝的天！

产生色彩常恒性的原因来源于人的主观意识，是大脑对客观事物做出非客观性判断的一种现象。

图 4-1-1 色彩常恒性示意图

三、色彩的轻重感

色彩的轻重感主要是人们的生活经验带来的心理感受。例如，密度小而轻的白色羽毛、棉花糖、白云等，这些浅色物质给人以轻盈缥缈的心理感受；而密度大的钢铁、煤炭、矿山等，给人以沉重的心理感受。同样造型的物体，白色感觉重量轻，黑色感觉重量重，明度的深浅决定了色彩的轻重感（图4-1-2）。

四、色彩的华丽与质朴感

色彩的华丽与质朴感与色相、明度、纯度、冷暖和表面肌理以及色彩对比强度有关。通常暖色调、高纯度和表面光滑的色彩呈现华丽感；相反，冷色调、低纯度和表面肌理

图 4-1-2 色彩的轻重感示意图

有凹凸感的色彩呈现质朴感。例如，紫色、红色、橘黄色、黄色、金色、银色有华丽感，蓝色、绿色、咖色系、中性色系有质朴感，另外低纯度和低明度有助增强色彩的质朴感。

五、色彩的冷暖感

日本的心理学家木村俊夫曾做过色彩冷暖感心理试验，将同样温度红与蓝的热水分别放进两个容器里，让人边看边将左右手分别放入不同的容器，让体验者说出各自的温感，每个人都回答说，红色热水要比蓝色热水的温度高。

色彩的冷暖感直接来自人们的生活感受，因为篝火和阳光的温暖，使人们看到红色、橙色、黄色就会产生温暖感；而冰川和海洋的冰冷，使人们看到冰蓝色和海蓝色就会产生寒冷感。科学家和色彩学家的实验也证明了这一点，人们看暖色时的心跳要比看冷色时快，同时血压也要偏高一点。

六、色彩的兴奋与消极感

色彩的兴奋与消极感与色相、明度、纯度、冷暖和色彩对比强度有关。通常暖色调、高纯度和色彩对比强烈的色彩呈现兴奋感；相反，冷色调、低纯度和对比弱的色彩呈现消极和低调沉稳的感觉。色彩的兴奋与消极感同样是生活经验给人们带来的心理感受。

第二节　色彩象征含义与联想

将色彩转换为象征性的符号，并利用这些符号表达特定的情感和象征意义就是色彩的象征性。色彩可以折射出某一民族在不同时期的文化、历史、政治、经济等社会风貌，具有强烈的时代特征和区域特征，是东西方各民族运用色彩的主要依据。

一、东西方色彩象征含义

中国是运用色彩象征比较早的国家，与西方国家不同的是，中国的色彩象征建立在整个中国自发的理性观念之上，是以宇宙为主体确定了色彩的象征意义。随着中国哲学思想的发展，春秋战国时期，齐国人邹衍把阴阳和五行结合起来，用来解释宇宙间万事万物的变化。在五行的基础上发展出五色、五方、四神、四季等。五行包括：金、木、水、火、土。其间蕴藏着自然界事物之间相生、相克的道理。五色包括：白、青、黑、赤、黄，这五种颜色被视为正色。正色是正义、尊贵的象征。五方位包括：东、西、北、南、中。四神包括：青龙、白虎、朱雀，玄武。四季包括：青春、朱夏、素秋、玄冬。中国人把自然界相生相克的现象、季节的变化、五行的方位、代表每个方位的色彩、守护四方的神、皇帝一年四季服装颜色的选择以及代表每个帝王朝代的色彩等都纳入了物道合一的哲学思想里。《易·系辞（下）》中记载："黄帝、尧、舜垂衣裳而天下治，盖取诸乾坤。"乾坤指的是天地。天在东方没亮的时候为玄色，上衣象征着天，所以上衣用黑色。大地为黄色，下裳象征地，因此下裳用黄色。天地间还有五光十色的万物，这些现象也就反映在了冕服上，如在服饰上描绘了日、月、山、川、黻、黼及鸟兽草虫等纹样。这些图案纹样的运用表明帝王仁爱之心，希望他的臣民过上富饶充裕的生活。透过服饰可以看出帝王盖取乾坤的气势和仁慈博爱的胸怀，表现出天、地、人合一的基本哲学思想。所以说，中国的色彩象征里包含着很深的哲学观念。

西方的文化主要源于古埃及，后来在以基督教为主的欧洲文化中得到发展。西方的许多民族继承了原始时代对太阳的崇拜。他们崇尚白色，因为它代表神圣；金色和黄色是明亮的太阳光辉的色彩象征；绿色象征生命和永恒。

色彩的象征是古代东西方各民族运用色彩的主要精神内容和依据。在色彩的发展过程中，色彩的象征内涵由远古的简朴性逐渐发展到近代的多元性，由单色性向多色性发展，形成了一个丰富多彩的世界。

二、色彩心理与联想

人们对事物的心理感知、认识、理解和心理反应与联想有关。联想与人对世界的认知和人生经历有关，因为在我们每个人的潜意识里储存着过去生活经验的种子，当看到与其有关的事物时就会把它们联系在一起，形成经验式的联想。

色彩联想是指因一事物而想起与之有关事物的思想活动。在人对某种事物产生思想活动前，就已经对其形成既有的想法和观念。当人们所处的场景与过去所了解到的、所看到的和所经历的事物、事件、境遇、情景等有某种相似性和关联性时就会产生与其相关的情感联想。联想是建立在色彩象征性、主观性和经验性等之上的，如红色在中国有富贵的象征含义。

另外，联想还会呈现多面性的特点。因为一种颜色附在不同的事物上就会有不同的象征含义，所以就会出现不同的联想结果。红色与新娘在一起会让人联想到喜庆；与五星红旗在一起会让人联想到革命；与鲜血在一起会让人联想到战争，这是色彩所具有的多面特点。

联想受色彩象征性、主观性、经验、经历与阅历等多方面因素影响，是比较复杂的心理现象。思想越活跃、人生经历和阅历越丰富的人联想和想象力也就越丰富。

三、个体色彩象征含义与联想

这里个体色彩是指那些象征性强、内涵丰富、识别度高，有历史印记感且共性特点明显，能够激发人们情感和情绪的色彩。例如，黑色、红色、白色、蓝色、黄色、紫色、绿色等。这些是在人类发展长河中沉淀下来的，在人类历史发展过程中具有代表性和特殊含义的色彩。它们在不同时期、不同国家和不同民族中体现不同的象征含义。

1. 红色象征含义与联想

（1）红色象征含义

红色是许多民族喜欢的色彩。红色作为与原始生命同一的颜色，由于与人的生存和生命有关，所以具有明显的激起人生命情感的力量。在原始时期，从撒红色矿石粉到涂抹身体，红色被广泛使用，其主要原因是原始人在自然中，找到了同生命颜色相似的物质，在原始人的生命观中红色与血液相关，是生命的象征。红色蕴藏着巨大的能量，也是太阳之色、烈火之色，是生命的源泉，它充满能量，激励人勇往直前，能给人温暖与力量，象征着永恒与光明。

中国古代与红有关的有"赤""朱""绛""绯"等色。红色是中华民族喜欢和崇尚的颜色，红色与美好事物紧密地连接在一起，如过节日用的红灯笼、红对联、红色窗花、金榜题名用的红榜纸、富贵人家的大红门、新娘穿的红嫁衣、月下老人的红线等。红色又是中国妇女喜爱的色彩，古代女子居住的楼阁被称为"红楼"，"红袖""红妆""红颜"成了美女的代名词。红色的文化内涵十分丰富，有吉祥、美满、喜庆、富贵等象征含义。

红色在中国还有趋吉避凶的作用，本命年用的红腰带、新娘穿的红嫁衣、新生儿挂的红布条、穿的红肚兜等都起到避邪的作用。邪避开了，自然就祥和吉利了。

印度妇女会在前额正中点一个红点，称为吉祥痣，可以起到消灾避邪的作用，象征吉祥。

在中国红色是革命、勇敢者的象征。国旗中的红色代表烈士的鲜血。

在古罗马，只有少数的富人能用得起这种昂贵的色料。红色最初只出现于最高元老院，最高元老穿红色斗袍。古罗马早期，凯旋的将军也有用红色涂身的传统，象征着勇猛与永存。红色是古罗马战神马尔斯的颜色。红旗，最早在罗马军队中被广泛使用。

红色能够引起人的高度警觉，具有危险、战争、血腥、愤怒、恐惧、对抗的象征含义。

（2）红色联想

产生红色联想的具体事物：太阳、篝火、红灯笼、对联、窗花、故宫、红门、红榜、新娘、红线、红花、红苹果、红樱桃、红辣椒、红宝石、红葡萄酒、红衣主教、红旗、红军、红十字、斗牛士、战争、拳击、警示灯等。

产生红色联想的抽象内容：永恒、光明、温暖、生机、博爱、权力、革命、地位、信仰、浪漫、喜庆、美好、美满、爱情、热情、红火、祥和、圆满、祝福、庄重、富贵、纳福、吉祥、甜美、激情、兴奋、动感、活力、刺激、火辣，以及警示、危险、鲜血、血腥等（图4-2-1）。

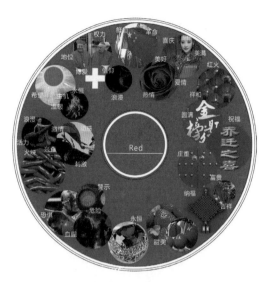

图4-2-1 红色联想思维导图

2. 黑色象征含义与联想

（1）黑色象征含义

黑色，在中华民族悠久的历史文化中，有着丰富的内涵。崇尚黑是中华民族色彩文化比较明显的特征之一。首先，道家选择黑色为道教的象征。老子云："玄之又玄，众妙之门。"黑色作为道家主张"阴静"的一面远远超过"阳动"。道家的思想对当时的文化影响很深，所以在夏朝、周朝、秦朝和汉初，人们把黑色视为正色，极为崇尚。《史记·秦始皇本纪》中记载："方今水德之始，改年始，朝贺皆自十月朔。衣服、旄旌、节旗皆上黑。"那时，黑色的衣服为帝王和官员的朝服。冕服中的上衣被称为玄衣，代表未明之天。周朝时崇尚赤色，但周王喜爱黑色。据《礼记·月令》篇中记载，周天子在冬季也要"居玄堂，乘玄路，驾铁骊；载玄旗，衣黑衣，服玄玉"。

代表中国宇宙观的太极图，赋予黑色永恒、智慧、真理、本体的象征含义。黑色在五行中属水，象征冬天、代表北方。

在中国古代与黑有关的词汇包括"玄""缁""皂""黔"等。

在我国有许多少数民族崇尚黑色。历史上的女真人视黑色为威武的象征。满族人以黑色象征生命和水的源泉，黑色服饰象征着庄重。在满族的萨满教中，黑色象征善神，它是人们漫长黑夜中的守护神；苗语中把黑色叫作"嗯"，是美丽、庄重的象征。

古埃及认为黑色为冥界的颜色，是再生之色。

文艺复兴时期法国的皇后们喜欢穿白色绉领装饰和黑色袍服，她们赋予黑色严肃、坚强、高贵、奢华、权力、地位的象征含义。

19世纪黑色被西方社会所认同，逐渐脱去了宗教的外衣，出现在浪漫主义的文学和绘画作品中。

20世纪20年代，由于乌托邦和古典主义的复兴，黑色被视为流行色，吸引了许多前卫的艺术家。1926年香奈尔设计的小黑裙，使黑色成为女装的流行色，香奈尔赋予黑色低调、奢华、简洁、神秘、优雅等含义，从此，黑色受到许多设计师、名人、明星和大众的喜爱并经久不衰。

黑色是葬礼中必用的颜色，有哀痛、悲伤和痛苦含义。

（2）黑色联想

产生黑色联想的具体事物：太极图、秦始皇、冕服、修女、香奈尔、川久保玲、石油、煤炭、黑洞、小黑裙、黑头发、黑夜、黑烟囱等。

图4-2-2　黑色联想思维导图

产生黑色联想的抽象内容：高贵、静穆、坚定、严肃、奢华、权力、地位、永恒、神秘、生命、真理、本体、智慧、刚毅、能量、动力、简约、奢华、内敛、浪漫、神秘，以及叛逆、悲伤、低沉、哀痛、压抑、绝望、沉默、污染等（图4-2-2）。

3. 黄色象征含义与联想

（1）黄色象征含义

黄色，在中国阴阳五行中居中央，代表大地之色。《周易·坤卦》中记载："天玄而地黄。"黄色作为正色，备受中华民族推崇，它象征着高贵、吉祥、权力等。在中国古代社会，它被历代统治者视为至尊之色。汉代以后，黄色备受封建帝王青睐。到了唐代，民间开始禁黄，黄色除了佛家弟子可以穿用以外，只有帝王可以专用，皇帝住的宫殿也多使用黄色。这种习俗一直延续到清朝结束。

佛教用金色给佛像装金，金色象征着庄严、永恒与持久不变。

黄色在蒙古族中是神圣和至高无上的象征。在满族中，黄色象征吉祥。在古埃及黄色是明亮的太阳光辉的色彩象征。西方社会普遍用黄色象征财富，象征永恒。

（2）黄色联想

产生黄色联想的具体事物：极乐世界、佛、帝王、黄金、宫殿、向日葵、迎春花、麦浪、玉米、枫叶、香蕉、菠萝、警示牌、警示灯等。

产生黄色联想的抽象内容：真理、庄严、恒久、权力、权威、地位、财富、奢华、品格、高洁、友谊、春天、快乐、成熟、饱满、甜美、警示、警惕、诱惑、气派、庸俗、雄伟，以及低微、嫉妒、贪婪等（图4-2-3）。

图 4-2-3 黄色联想思维导图　　　　　　图 4-2-4 橙色联想思维导图

4. 橙色象征含义与联想

（1）橙色象征含义

橙色是介于红色和黄色之间的颜色，是所有色彩中最为温暖的色。橙色名称来源于水果橙子，有健康、饱满和滋养的含义。

中国古代的宫殿和寺院建筑多采用橙黄色琉璃瓦，象征着尊贵、地位与权力。

荷兰的国色是橙黄色，普遍称其为"荷兰橙"。荷兰皇室被称为"House of Oranje"，橙黄在荷兰象征着权力和地位。

橙黄色的阳光和火光象征着生命、光明和能量。

大型动物老虎、豹、雄狮等都是橙黄色的，象征着勇敢、强悍、威猛、残暴、烈性。

（2）橙色联想

产生橙色联想的具体事物：太阳、火焰、皇宫、橙色郁金香、橘子、橙汁、南瓜、柿子、木瓜、胡萝卜、面包、蛋糕、老虎、豹、雄狮、黄土高原等。

产生橙色联想的抽象内容：温暖、生命、光明、辉煌、能量、甘甜、滋养、健康、营养、勇敢，以及强悍、威猛、烈性、焦虑、焦躁、干燥等（图4-2-4）。

5. 蓝色象征含义与联想

（1）蓝色象征含义

《说文解字》中记载："蓝，染青草也。"《荀子·劝学》中记载"青，取之于蓝。"蓝，指的是一种杂草。在古代与蓝有关的有"青""苍"等色。青，属于正色，在五行中代表着东方和龙。蓝色象征着天的权力和不朽。京剧中蓝色的脸谱象征着鲁莽和骁勇。

蓝色宝石象征着永恒、忠诚，在英国婚礼风俗中新娘的嫁妆包括一些旧的、一些新的、一些借来的和一些蓝色的——即忠诚。

在中世纪的宫廷文学作品中忠诚化身为一位女子叫丝苔特，"丝苔特"意思是"持久不变"，丝苔特穿的是蓝色的裙子。

蓝色象征着深不可测的宇宙、无穷的奥秘、嫉妒等。蓝色也是古埃及人敬畏的颜色，因为它象征着神圣的天界。

（2）蓝色联想

产生蓝色联想的具体事物：圣母、蓝宝石、青金石、英国皇室、法国国旗、蓝色郁金香、宇宙、大海、天空、地中海等。

产生蓝色联想的抽象内容：永恒的精神、神圣、忠诚、尊贵、宁静、悠远、幽静、奥秘、神秘、深邃、永恒的爱，以及冰冷、孤独、忧郁、保守、鲁莽、骁勇等（图4-2-5）。

图4-2-5　蓝色联想思维导图

6. 紫色象征含义与联想

（1）紫色象征含义

紫色在中国文化历史上具有双重性。

紫是蓝和红合成的颜色。《释名·释采帛》中记载："紫，疵也，非正色，五色之疵瑕，以惑人者也。"《论语·阳货》中记载："恶紫之夺朱也，恶郑声之乱雅乐也。"意思是紫夺了朱的地位是可恶的。紫色在这里有非正义、虚假的意思。

紫色虽为间色，但由于传统道教的影响而使它披上了一层神秘而高贵的色彩，在中国长达几千年的历史中紫色既保持着它的神秘和尊贵，又代表普通百姓对生活寄予的美好愿望。

古人又认为紫色是宝物所发出的紫光，所以当天上有紫色云出现时，古人就认为是祥瑞之气。"紫气东来"一直表示祥瑞和美好的希望。如杜甫的《秋兴》中："西望瑶池降王母，东来紫气满函关。"在我国的传统节日春节时，常书"紫气东来"四字作为春联横额贴于门上，以期盼日后生活吉祥如意。

古代紫色又是出现帝王的征兆。如《晋书·张华传》中记载："吴之未灭也，斗牛之间常有紫气。"《南史·宋文帝纪》中记载："（少帝景平）二年，江陵城上有紫云。望气者皆以为帝王之符，当在西方。"历史上的所谓黄旗紫盖，无非是因为紫色、黄色为至尊之色，其气故为天子之气。

道家还把炼成的玉液取名为"紫河车"。"紫河车"原为内丹术的高级境界。据说此仙药色紫，故名"紫河车"。由于紫色在道教上的特殊意义和地位，所以道家称神仙所居住之地为紫府、紫台、紫海等。道家还奉最尊贵的神仙为紫皇，神女为紫姑。因而，道家认为紫为天空之色，具有神圣之意，以天子自称的帝王也常用紫。古代帝王宫殿常被称为"紫台""紫官""紫庭""紫阙"等。北京的皇城就叫"紫禁城"，紫禁原本为星座名，三垣之一，即紫微垣，又称紫垣。古人常以紫微星垣比喻皇帝的居处，因称帝王的宫殿为紫禁宫，帝王所在的区域为紫禁城。

紫水晶代表灵性与精神。古人认为紫水晶可以避邪，可以带来幸福和长寿。

在古罗马帝国只有皇帝、皇后和皇位继承人才有穿紫色服装的权利。大臣和高官只允许在长袍上装饰紫色的镶边。除此之外任何人不得穿紫色的衣服。在古埃及，紫色象征着大地，是大善的象征。在法国，紫色薰衣草象征着浪漫。

紫色被基督教作为极色的象征，是至高无上的上帝圣服的颜色。

（2）紫色联想

产生紫色联想的具体事物：神仙、老子、帝王、紫禁城、紫微星、紫王冠、紫水晶、紫色水晶球、紫罗兰、紫藤、法国薰衣草、丁香花、紫色蝴蝶兰、茄花紫、紫葡萄等。

产生紫色联想的抽象内容：神圣、高贵、奢华、优雅、浪漫、神秘等（图4-2-6）。

图4-2-6　紫色联想思维导图

7. 绿色象征含义与联想

（1）绿色象征含义

绿色在我国古代被视为间色。《孔颖达疏》："绿，苍黄之间色。"因为是间色，绿便有了卑微的文化含义。

日本的和服不用绿色，因为绿色被日本人视为凶兆，容易引起人的痛苦感。

绿色是古埃及人信奉的颜色，尼罗河蓝绿的河水是古埃及人生命的源泉。绿色象征生命的轮回，古埃及的冥神奥赛里斯的脸是绿色的，代表着生命。埃及人用蓝绿色的宝石制成金龟子形体，作为死者的守护神。

绿色是复活和永生的希望。《圣经·创世纪》中记载，上帝为了惩罚人类的罪恶，让洪水淹没了大地，诺亚遵照上帝的旨意制造方舟，带领全家和留下来的动物躲避在其中。一天，诺亚放出鸽子去探测洪水是否已经退去，当鸽子返回时，嘴里衔着新摘下来的橄榄叶，诺亚知道洪水已经退去，平安已经到来。因此，绿色的橄榄叶和鸽子成了和平、希望、平安的象征。

（2）绿色联想

产生绿色联想的具体事物：祖母绿、绿翡翠、森林、田野、橄榄枝、竹子、埃及冥神

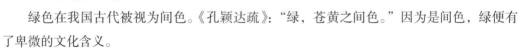

奥赛里斯、绿色蔬菜、绿苹果、毒蛇、毒药、绿帽子等。

产生绿色联想的抽象内容：昂贵、健康、和平、清新、恬静、茂盛、理想、永恒，以及卑微等（图4-2-7）。

8. 白色的象征含义与联想

（1）白色象征含义

白色，在中华民族传统的观念中有品德高尚、纯洁、清白的象征意义。

白色，在我国传统文化中属正色，五行中居西方，代表秋天。古人常以带有白色的物体来解释白色，如"的""皙""皎""皑""素"等。商朝崇尚白色，学者们称商朝为"白色的时代"。

图 4-2-7　绿色联想思维导图

在原始民族的集体性色彩意识里，白色有驱邪的能力，所以许多民族用白色作为丧服的颜色，我国一直延续着这种习俗。白色充满了哀痛、悲伤和缅怀的象征含义。

在我国少数民族中，许多民族都崇尚白色。例如，藏族用的白色哈达，象征吉祥与圣洁；蒙古族崇尚白色，蒙古旧时的贵族称自己的民族为"查干牙孙"意思是"白色民族"；满族也崇尚白色，认为白色是天穹，神灵以及日、月、星辰的本色；白族以白色象征高尚、纯洁、吉祥；纳西族用白色作为光明、吉祥、善良的象征；朝鲜族历来喜欢白色，他们自称是"白衣民族"，"白"有"百"的含义，是多种文化的集中表现，所以白色是朝鲜族的精神追求，象征着纯洁与高尚。

古埃及人认为白色是神圣的太阳神的理想象征，所以古埃及人的服装以白色为主。

京剧中曹操的形象使白色有狡诈的含义。

战争中投降方举起的白旗，表明战败者的想法，白色象征失败和投降。

（2）白色联想

产生白色联想的具体事物：白色莲花、穿白色服装的修女、白百合、白玫瑰、白天鹅、婚纱、白色羽毛、白羊、白兔、棉花、哈达、白云、皎洁月光、明亮光线、皑皑白雪、白色脸谱、丧服、战败者等。

白色使人产生的联想包括：清净、圣洁、高贵、永恒、明亮、吉祥、诚实、忠贞、纯情、纯洁、轻盈、飘逸、庄严、友善、温和、洁净、卫生、质朴、哀痛、悲伤、失败、投降、奸诈等（图4-2-8）。

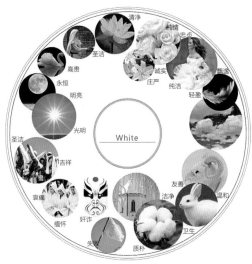

图 4-2-8　白色联想思维导图　　　　　　　　　　图 4-2-9　色彩区域划分图

四、区域群组色彩的特征与联想

　　色彩在色立体中所处的空间区域位置相同，这些色彩就会具有共同的色调特征和整体感觉。我们将色立体剖面划分9个区域（图4-2-9），无论是偏冷的色彩，还是偏暖的色彩，只要处在相同区域它们就会呈现出大体相同的色彩感觉。

　　处在高明度低纯度区域色彩会呈现出轻柔、洁净、细腻、飘逸、清馨、宁静的感觉（图4-2-10）。

　　处在高明度中纯度区域色彩会呈现出甜美、暧昧、浪漫、女性化的感觉（图4-2-11）。

　　处在高明度高纯度区域色彩会呈现出活泼、轻松、舒畅、快乐、新鲜、温暖的感觉

图 4-2-10　高明度低纯度区域色彩

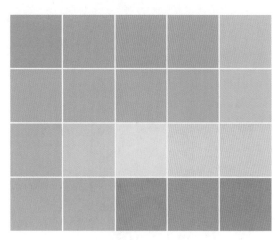

图 4-2-11　高明度中纯度区域色彩

（图 4-2-12）。

处在中明度低纯度区域色彩会呈现出别致、优雅、知性、品味、内敛、都市的感觉（图 4-2-13）。

处在中明度中纯度区域色彩会呈现出格调、田园、自然、舒适、平衡的感觉（图 4-2-14）。

处在中明度高纯度区域色彩会呈现出活力、动感、热情、娇艳、兴奋的感觉（图 4-2-15）。

处在低明度低纯度区域色彩会呈现出沉稳、严肃、深沉、庄重、质朴、传统、低调的感觉（图 4-2-16）。

处在低明度中纯度区域色彩会呈现出成熟、端庄、稳重、男性、怀旧、复古的感觉（图 4-2-17）。

处在低明度高纯度区域色彩会呈现出华丽、异域、成熟、饱满、丰润、奢侈的感觉（图 4-2-18）。

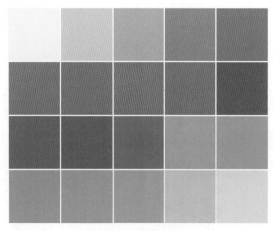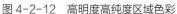

图 4-2-12　高明度高纯度区域色彩

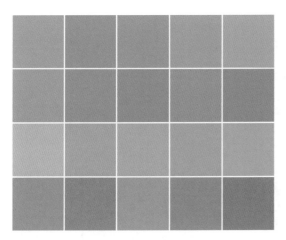

图 4-2-13　中明度低纯度区域色彩

图 4-2-14　中明度中纯度区域色彩

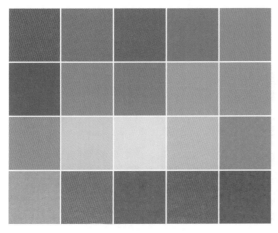

图 4-2-15　中明度高纯度区域色彩

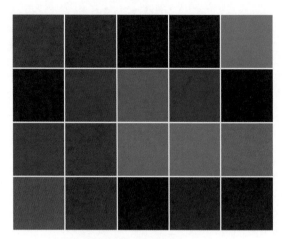

图 4-2-16　低明度低纯度区域色彩

图 4-2-17　低明度中纯度区域色彩

图 4-2-18　低明度高纯度区域色彩

第三节 感官与色彩联觉

　　色彩联觉是建立在视觉感觉、心理感知、色彩象征性和色彩的联想基础之上。联觉是人体感觉器官受到刺激作用后产生的色彩感觉与联想的现象。感官器官包括眼睛、耳朵、鼻子、舌头和身体等。大脑是一切感官的中枢，当对一个器官或者感觉区域进行刺激，就会引起人的不同反应，这种反应通常来自视觉、听觉、味觉、嗅觉、触觉等。联觉现象经常被心理学家、艺术家、文学家、音乐家、诗人、设计师等运用到实验和作品创作中。

一、视觉联觉

　　客观环境、物象和色彩等对人产生视觉刺激后，使人产生感觉联想。人所获得的信息80%是受视觉刺激得到的。由视觉获得的信息直接地影响人对色彩的感觉判断。我们看到的自然风景、绘画作品、文学作品、电影作品以及生活中的人事物都可能触发我们的情感，从而产生色彩联觉。例如，作品《四季》描绘的是春、夏、秋、冬四个季节的色彩环境景象（图4-3-1）；作品《色彩联觉——十字街头》描绘的是同一个场景在早晨、正午、傍晚和夜晚的不同色彩感觉（图4-3-2）。

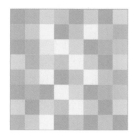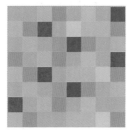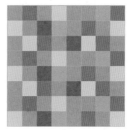

图 4-3-1　四季色彩联觉

图 4-3-2　色彩联觉——十字街头（2002级 郑宝桐）

二、听觉联觉

听觉联觉特点是以色彩的音乐性为重点，实现由内在色彩本质产生的色彩情感和色彩联觉。

抽象派画家康定斯基发现视觉和听觉两种器官，都能相应地触发人的内在感情和想象。他发现黄色有不断向上超越的能力，是人的眼睛和神经均无法承受的高度能力，就像一支刺耳的喇叭发出的音响；而蓝色能把人的眼睛引向无限的深度，随着高音的长笛到低音的大提琴，再加入宽厚低沉的双重贝斯声，你能"看见"色彩由浅蓝到深蓝的微妙变化；绿色非常接近小提琴中间的音调；红色有强有力的击鼓印象（图4-3-3）。

除了画家以外，心理学家也在研究色听理论，金斯伯格（L. Ginsberg）在实验报告中指出，随着钢琴声由低音到高音，被测试者引起的色觉联想变化是：黑—褐—深红—大红—深绿—蓝绿—灰—银灰（图4-3-4）。

图4-3-3　抽象派画家康定斯基音乐联觉示意图

图4-3-4　金斯伯格音乐联觉示意图

另一位色彩学家罗兹（B. Rose）的色彩心理实验表明，乐曲表达的音乐感情可以引起色彩联想，庄重的色彩会联想到蓝紫色；强有力的色彩会联想到紫色；兴奋的音乐会联想到红色；阴郁的音乐会联想到橙色和黄橙色；欢乐的音乐会联想到黄色；舒畅的音乐会联想到绿色；柔和的音乐会联想到蓝绿色；悲哀的音乐会联想到蓝色。

印象派音乐大师德彪西（Debussy）的作品《大海》，用音符描写早晨的色彩层次变化——夜幕被缓慢地揭开，一丝光亮映照在海面上；一轮红日渐渐升起，天空由紫色变为了青色，逐渐地增加了光辉，一幅开阔的大海黎明景色被生动地描绘出来。

用音乐可以表现色彩画面，同样可以利用音乐唤起人们色彩联想的画面。画面中颜色的深浅和图形的形状与形态，是构成音乐性主题画面的主要元素。例如，曲调舒缓的音乐可以让人联想到清亮的、对比柔和的浅色调，联想到流畅曲线和形态自然的图形（图4-3-5）；曲调低沉庄重的音乐可以让人联想到厚重的、有格调的色彩，联想到体块稳重

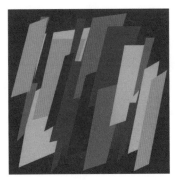

图4-3-5 曲调舒缓色彩联觉　　图4-3-6 曲调低沉庄重色彩联觉　　图4-3-7 曲调高亢色彩联觉

和结构严谨的图形（图4-3-6）；曲调高亢的音乐可以让人联想到对比强烈的色彩，联想到尖锐三角形，图形结构关系呈对抗状态分布（图4-3-7）。

三、味觉联觉

味觉联觉是通过对味蕾的刺激而产生的色彩联觉。味觉感觉依赖于人的口感经验，如吃到过柠檬黄和青色未成熟果子的人，看到柠檬黄和青色果子就会产生酸涩的感觉，同样看到暖黄色、橙色和红色的食物就会产生甜蜜的感觉。人只要看到与生活经历相同味觉的食物时，就会不自觉地做出色彩经验判断。

日本色彩心理学家内藤次郎的实验结果是：黑色、茶色、咖啡色有苦味感；高纯度的绿色和红色有辣味感；黄绿色、青绿色有酸味感；暖黄色、桃红色有甜味感；蓝色有咸味感（图4-3-8）。

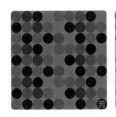
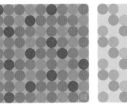

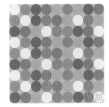
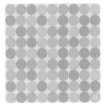

图4-3-8 味觉联觉

思考与练习

1. 色彩观念是怎样形成的？

2. 谈谈色彩的多面性体现在哪些方面？

3. 色彩象征性是怎样形成的？

4. 主题与色彩联想练习。

作业内容：在提供的有色彩语境的词汇中任选8个词汇，进行色彩情感联想与表达。词汇包括：轻柔、柔顺、温馨、婴儿、浪漫、娇艳、艳丽、女性、知性、男性、清澈、清亮、自然、活力、动感、热情、质朴、端庄、悠远、深邃、健康、中庸、冷漠、暗淡、神秘、沉静、雅致、包容、含蓄等（练习图4-1）。

要求与方法：

①根据不同色彩和不同色调色彩象征含义，将色块填入相对应的主题中；

②每组色系不少于6种颜色；

③色调与主题吻合。

5. 视觉联觉练习。

作业内容：用色彩表达对人事物的感受与联觉（练习图4-2~练习图4-7）。

要求与方法：

①作品题材不限，包括文学、绘画、电影等；

②要求准确表达对事物的特征和创作者内心世界的真实感受；

③有独特的个性和生动的意境；

④用抽象的艺术表现手法；

⑤标明主题名称和创作说明。

6. 听觉联觉练习。

作业内容：用色彩表达对音乐的感受（练习图4-8~练习图4-11）。

要求与方法：

①作品题材不限，包括欧洲古典音乐、中国古典音乐、轻音乐、摇滚乐等；

②作品要求准确表达特定音乐的内涵和特点；

③有独特的个性和生动的意境；

④用抽象的艺术表现手法；

⑤标明音乐作品名称和创作说明。

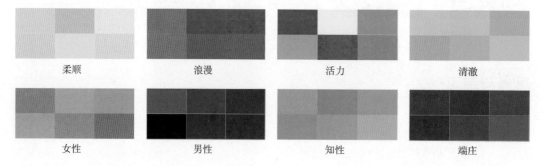

练习图4-1　主题词汇与色彩联想

作品选择京剧脸谱艺术中的人物为表现对象，在保留原有形象特征的基础上，用抽象手法表现出人物形象特征。

练习图 4-2 京剧脸谱与联觉（2002 级 孙鹭）

作品受现代艺术启发，用抽象手法表现各个艺术流派风格特征。

练习图 4-3 现代绘画艺术与联觉（2002 级 丁双）

练习图 4-4　年龄与联觉（2002 级　金姬鸿）

作品选择人生不同年龄阶段特点进行表达，充满幻想的童年；叛逆的少年；成熟的中年；垂暮的晚年。

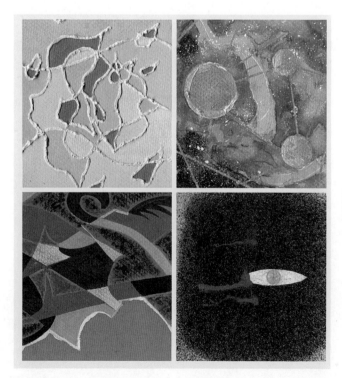

练习图 4-5　电影类型与联觉（2002 级　曹欢）

作品选择不同电影类型为联觉题材，利用色彩表现言情片、科幻片、战争片的场景特点。

蜘蛛侠

灭霸

练习图 4-6 漫威英雄与漫威反派联觉（2018 级 沈菲）

作品题材源自动漫电影，利用形象的色彩和抽象形态结构，表现蜘蛛侠和灭霸正反两个人物的外形和性格特征。

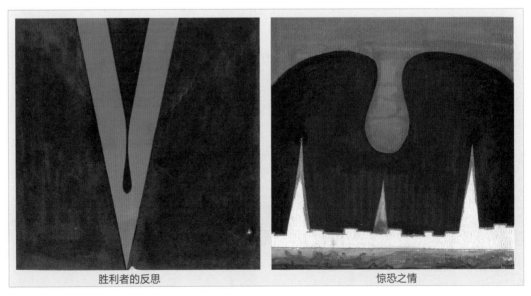

胜利者的反思

惊恐之情

练习图 4-7 情感与联觉（2018 级 周佳彦）

《胜利者反思》表现战争胜利背后的流血与牺牲，用黑色背景衬托战争的残酷性；《惊恐之情》喉头下的尖刺和画面下面的水深火热的浑浊的情景，表现人的惊恐之情。

作品用黑蓝色调和流畅婉转线条表现乐曲的哀怨与凄凉，也表现了阿炳一生的辛酸和苦痛。画面里的黄色也表达了内心的豁达和希望。

练习图 4-8　听觉联觉——《二泉映月》（2018 级　葛袁佳）

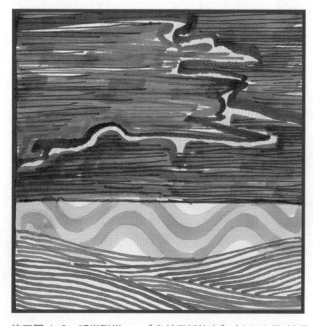

作品用舒缓的线条和偏冷的夜色，表达静静的乌兰巴托的夜晚，点缀的黄代表希望。

练习图 4-9　听觉联觉——《乌兰巴托的夜》（2018 级　沈菲）

这是一部充满悲伤故事电影的主题曲，歌声悠慢，给人以悲伤的感受。用干枯的笔触将黑色、白色、红色和黄色浑然在一起，表达两位主人公相互依靠，相互温暖，最终走到生命的尽头……

练习图 4-10　听觉联觉——《有一种悲伤》（2018 级　蒋诗琦）

骇人的歌词搭配悠扬的音乐，给这首歌营造了恐怖的氛围，红与黑的搭配突显红的醒目和黑色的神秘，给人以触目惊心的感觉，正如歌中所写"爱也要死要活"。

练习图 4-11　听觉联觉——《血腥爱情故事》（2018 级　费峥岩）

理论与实践

第五章　服装基调对比与调和

课题名称： 服装基调对比与调和

课题内容： 服装基调对比　服装色彩调和

课题时间： 16课时

教学目的： 通过理论学习和实践练习，了解掌握服装配色基本原理和服装基
调对比的基本规律与方法，提高学生色彩应用设计能力。

教学要求： 1. 掌握以色相、明度、纯度和冷暖为主导的基调对比方法。

2. 掌握色彩和调和的原理与方法。

课前准备： 查阅色彩基础理论信息资料。

第一节　服装基调对比

　　色相、明度、纯度和冷暖等构成了色彩的基本属性。围绕色彩基本属性，通过对色彩主从关系的设计与安排就会形成一定的色彩对比基调。两种或两种以上色彩搭配组合在一起就可以构成色彩基调。在服装配色过程中面积体量构成了主色与辅色层次关系，也就是面积越大色彩基调的影响力也就越大。如图5-1-1所示，由左至右随着蓝色面积的逐渐减小，它的色调主导作用也随之减弱。这种主色和辅色地位明显的色彩配色关系，被称为色彩的"基调"或色彩的"调子"。

　　我们按人们观看和解读色彩的习惯，根据色彩的属性分为以色相、明度、纯度、冷暖无彩色与有彩色为主导的服装基调对比。

一、以色相为主导的基调对比

　　依据色彩在色相环上所处的位置和角度不同，可以形成不同的基调对比关系，主要包

图 5-1-1　色彩面积体量与色彩对比关系

括同种色、邻接色、类似色、中差色、异比色、互补色和多种色对比基调，以三种颜色配色为例（图5-1-2）。在色相环上任何一个颜色都可以同其他色彩形成以上各种基调对比，我们以类似色两色配色为例（图5-1-3）。

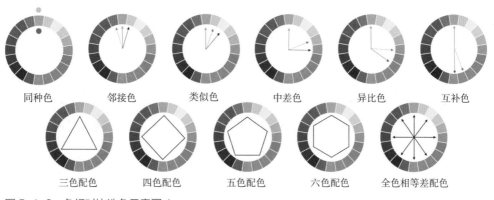

图 5-1-2　色相对比选色示意图 1

图 5-1-3　色相对比选色示意图 2

1. 同种色基调对比

同种色是指一种颜色通过加黑色或白色后所形成的新的不同深浅的色彩。在色相环上选择任何一种颜色作为主色，在主色中分别入黑色和白色作为辅助色，将主色与辅助色按一定的比例进行搭配，这种配色叫同种色基调对比。同种色之间对比会产生比较协调统一的印象（图5-1-4）。

2. 邻接色基调对比

在色相环上任何30°左右角以内的色彩都属于邻接色。邻接色基调配色是指在30°左右角以内的两个或两个以上色彩形成的对比关系。邻接色配色在视觉上给人以平静含蓄、整体统一的效果，但也会产生单调、平淡和平庸的印象（图5-1-5）。

3. 类似色基调对比

类似色一般是指在色相环上相距45°角左右的色彩。类似色基调对比是指相距45°角左右的两个或两个以上色彩形成的配色关系。类似色对比视觉上给人以协调、鲜明、雅致的印象，会弥补邻接色的单调和平庸（图5-1-6）。

图 5-1-4　同种色基调对比　　　图 5-1-5　邻接色基调对比　　　图 5-1-6　类似色基调对比

4. 中差色基调对比

中差色一般是指在色相环上90°角左右的色彩。中差色基调对比是指相距90°角左右的两个或两个以上色彩形成的配色关系。中差色配色视觉上给人以色相明确、活泼、明朗的效果。（图5-1-7）。

5. 异比色基调对比

异比色也称"对比色"，一般是指在色相环上120°角左右的色彩。异比色基调对比是指相距120°角左右的两个或两个以上色彩形成的配色关系。异比色属于强对比，视觉上给人以鲜明、激情、动感、丰富的效果（图5-1-8）。

6. 互补色基调配色

互补色一般是指在色相环上180°角左右的色彩。互补色配色是指相距180°角左右的两个或两个以上色彩形成的对比关系。互补色配色是色相对比中最强的对比形式，视觉上给人以刺激、强烈、跳动、兴奋的效果（图5-1-9）。

7. 多色相对比

在色相环上按不同选取角度选取3种以上色彩进行对比。多色相配色可以按照色相环之间相等的距离来选择，这种方式可以称为"色相环等差色对比"（图5-1-10）。但也可以打破常规，按自由方式选择多种色彩。多色相配色给人以色彩炫目缤纷和活力四射的视觉效果。

图 5-1-7　中差色基调对比　　图 5-1-8　异比色基调对比　　图 5-1-9　互补色基调对比

图 5-1-10　多色相基调对比

二、以明度为主导的基调对比

在确定明度基调主色与辅助色前，我们首先以二十色相环为基础呈现每个颜色的剖面（图 5-1-11）。为了教学讲解演示和学生理解方便，将所有颜色的剖面制作成等边三角形状。这一形状结构借鉴了德国色彩专家奥斯特瓦尔德色立体结构，但有所不同的是明度和纯度色阶比奥氏色立体多一个色阶。

选择色彩的原则可以依照色相基调对比中的任何一种配色关系（图5-1-2），如果想要协调统一的视觉效果就选择同种色、邻接色和类似色；如果想要对比强烈的视觉效果就选择中差色、异比色和互补色；如果想要更丰富的色彩效果，就选择多种色相作为明度基调对比的主色与辅助色。

将色立体剖面按色彩明度的深浅将其分为高明度、中明度和低明度三个区域（图5-1-12）。依据色彩在色立体上所处明度区域位置不同，可以形成以不同明度为主导的基调对比关系。主要包括高明度基调对比、中明度基调对比和低明度基调对比。在三个不同明度基调配色中，根据色彩之间的强弱对比关系分为弱对比、中对比和强对比。明度色阶

图5-1-11　二十色相剖面图

距离位置在3个以内的为弱对比；明度距离大约在4~5个色阶是中对比；明度色阶距离位置在6个以上的为强对比。

因为色彩本身所具有的感知特点，所以在高明度与中明度交界处和中明度与低明度交界处的色彩具有双重性。例如，在第一组配色试验中，在高明度和中明度交界的这个色彩，同明度比它高的色彩并置在一起时，感觉它趋向中明度；而把它和低明度并置在一起时，感觉其又趋向于高明度。在第二组配色试验中，在低明度和中明度交界的这个色彩，同明

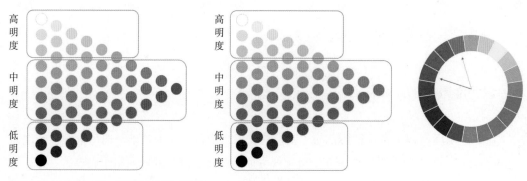

图5-1-12　高、中、低明度区域示意图

度比它低的色彩并置在一起时，感觉它趋向中明度；而把它和高明度并置在一起，感觉其又趋向于低明度（图5-1-13）。所以在我们进行基调对比过程中，既要依据色彩所处明度位置区域，又要考虑到色彩所具有的拮抗性、膨缩性、轻重感等感知特点，在选择色彩时可以适当调节色彩区域位置，以确保整个色彩基调的统一与协调。

1. 高明度基调对比

高明度基调对比是指以高明度区域色彩作为主色调的基调配色。包括高明度弱对比、高明度中对比和高明度强对比。高明度弱对比配色是指选择的主色和辅助色都处在高明度区域，明度色阶在3个以内的色彩；高明度中对比配色的主色是高明度区域色彩，辅色为中明度区域色彩，辅色距离主色大约4~5个明度色阶；高明度强对比配色的主色是高明度区域色彩，辅色为低明度区域色彩，辅色距离主色大约6个以上的明度色阶（图5-1-14）。

2. 中明度基调对比

中明度基调对比是指以中明度区域色彩作为主色调的基调配色。包括中明度弱对比、中

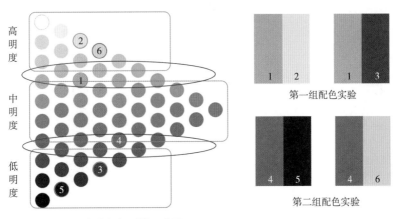

图 5-1-13　明度高低相对性示意图

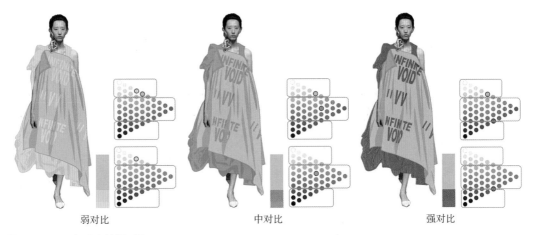

弱对比　　　　　　　中对比　　　　　　　强对比

图 5-1-14　高明度基调对比

明度中对比和中明度强对比。中明度弱对比配色是指选择的主色和辅助色都处在中明度区域；中明度中对比配色的主色是中明度区域色彩，辅色为距离主色大约4~5个明度色阶的色彩；低明度强对比配色的主色是低明度区域色彩，辅色为高明度区域色彩。中明度基调对比根据所选主色和辅色的位置，可以形成不同的配色基调。如果主色调选择靠近中明度偏上的位置时，其他的辅助色就可以向下选择；相反，如果主色调选择靠近中明度偏下的位置时，其他的辅助色就可以向上选择；如果主色调选择靠近中明度区域中间的位置时，其他的辅助色就可以同时向上下两个方向选择（图5-1-15）。

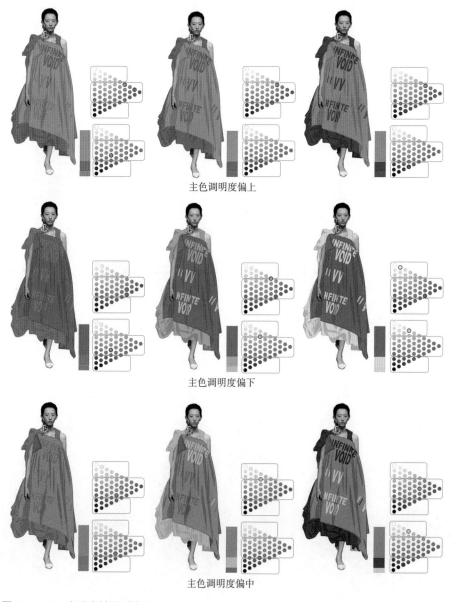

主色调明度偏上

主色调明度偏下

主色调明度偏中

图 5-1-15　中明度基调对比

3. 低明度基调对比

低明度基调对比是指以低明度区域色彩作为主色调的基调配色。包括低明度弱对比、低明度中对比和低明度强对比。低明度弱对比配色是指选择的主色和辅助色都处在低明度区域，明度色阶在3个以内的色彩；低明度中对比配色的主色是低明度区域色彩，辅色为中明度区域色彩，辅色距离主色大约4~5个明度色阶；低明度强对比配色的主色是低明度区域色彩，辅色为高明度区域色彩，辅色距离主色大约6个以上的明度色阶（图5-1-16）。

在明度基调对比中色阶距离越近对比就越弱，色彩视觉效果就越协调统一；相反，明度色阶距离越远对比就越强，色彩视觉效果就明确清晰。

在以明度为主导的基调配色中，也可以采用多色配色，以高明度基调对比为例（图5-1-17）。中明度基调和低明度基调同样可以采用此方法实现多色配色设计。

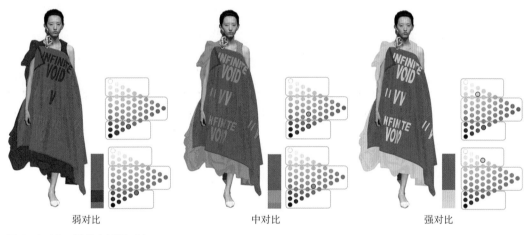

弱对比　　　　　　　　　　中对比　　　　　　　　　　强对比

图 5-1-16　低明度基调对比

弱对比　　　　　　　　　　中对比　　　　　　　　　　强对比

图 5-1-17　高明度基调对比（多色配色）

三、以纯度为主导的基调对比

同样在二十色相中选出主色与辅助色（图5-1-11），将色立体剖面按色彩纯度的高低将其分为高纯度、中纯度和低纯度三个区域（图5-1-18）。依据色彩在色立体上所处纯区域位置不同，可以形成以不同纯度为主导的基调配色。主要包括高纯度基调对比、中纯度基调对比和低纯度基调对比。在三个不同纯度基调配色中，根据色彩之间的强弱对比关系分为弱对比、中对比和强对比基调配色。同样纯色阶距离位置在3个以内的为弱对比；纯度距离大约在4~5个色阶是中对比；纯度色阶距离位置在6个以上的为强对比。

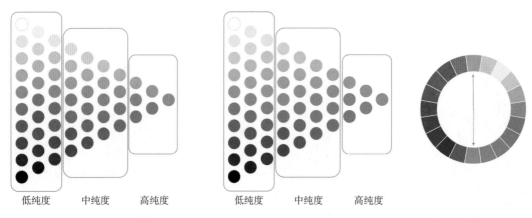

图 5-1-18 低、中、高纯度区域示意图

在高纯度与中纯度交界处和中纯度与低纯度交界处的色彩具有双重性。例如，在第一组配色试验中，在高纯度和中纯度交界的这个色彩，当和纯度比它高的色彩并置在一起时，感觉它趋向中纯度；而把它和低纯度并置在一起时，感觉其又趋向于高纯度。在第二组配色试验中，在低纯度和中纯度交界的这个色彩，同纯度比它低的色彩并置在一起时，感觉它趋向中纯度；但把它和高纯度并置在一起时，感觉其又趋向于低纯度（图5-1-19）。所以在我们进行基调配色过程中，既要依据色彩所处纯度位置区域，又要考虑到色彩所具有的拮抗性、膨缩性、轻重感等感知特点，在选择色彩时可以适当调节色彩区域位置，以确保整个色彩基调的统一与协调。

1. 高纯度基调对比

高纯度基调对比是指以高纯度区域色彩作为主色调的基调配色。包括高纯度弱对比、高纯度中对比和高纯度强对比。高纯度弱对比配色是指选择的主色和辅助色都处在高纯度区域，纯度色阶在3个以内的色彩。在高纯度弱对比中，如果选择的色彩在色相环上的角度比较大时，视觉对比效果是比较强烈的，这里的弱对比指的是色彩的鲜艳程度；高纯度中对比配色的主色是高纯度区域色彩，辅色为中纯度区域色彩，辅色距离主色大约4~5个纯度

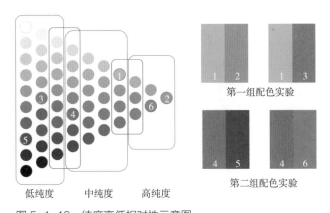

图 5-1-19　纯度高低相对性示意图

色阶；高纯度强对比配色的主色是高纯度区域色彩，辅色为低明度区域色彩，辅色距离主色大约6个以上的纯度色阶（图5-1-20）。

2. **中纯度基调对比**

中纯度基调对比是指以中纯度区域色彩作为主色调的基调配色。包括中纯度弱对比、中纯度中对比和中纯度强对比。中纯度弱对比配色是指选择的主色和辅助色都处在中纯度区域；中纯度中对比配色的主色是中纯度区域色彩，辅色选择应为距离主色大约4~5个纯度色阶的色彩；低纯度强对比配色的主色是低纯度区域色彩，辅色为高纯度区域色彩。中纯度基调对比根据所选主色和辅助色的位置，可以形成不同的基调对比关系。如果主色调选择靠近中纯度偏右的位置时，其他的辅助色就可以向左选择；相反，如果主色调选择靠近中纯度偏左的位置时，其他的辅助色就可以向偏右侧选择；如果主色调选择靠近中纯度区域中间的位置时，其他的辅助色就可以同时向左右两个方向选择（图5-1-21）。

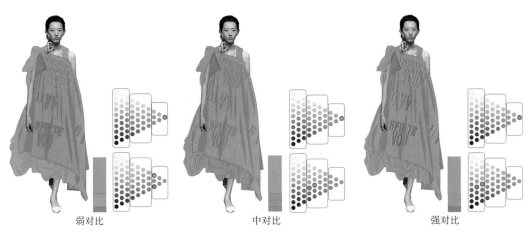

图 5-1-20　高纯度基调对比

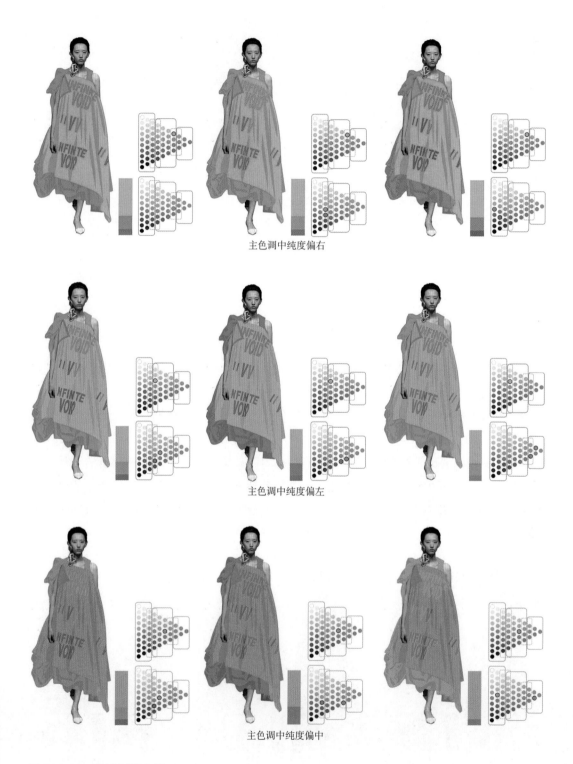

主色调中纯度偏右

主色调中纯度偏左

主色调中纯度偏中

图 5-1-21 中纯度基调对比

3. 低纯度基调对比

低纯度基调对比是指以低纯度区域色彩作为主色调的基调配色。包括低纯度弱对比、低纯度中对比和低纯度强对比。低纯度弱对比配色是指选择的主色和辅助色都处在低纯度区域，纯度色阶在3个以内的色彩；低纯度中对比配色的主色是低纯度区域色彩，辅色为中纯度区域色彩，辅色距离主色大约4~5个纯度色阶；低纯度强对比配色的主色是低纯度区域色彩，辅色为高纯度区域色彩，辅色距离主色大约6个以上的纯度色阶（图5-1-22）。

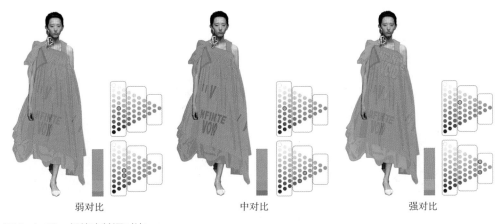

弱对比　　　　　　　　　中对比　　　　　　　　　强对比

图 5-1-22　低纯度基调对比

在纯度基调配色中色阶距离越近对比就越弱，色彩视觉效果就越协调统一；相反，纯度色阶距离越远对比就越强，色彩视觉效果就强烈刺激。

四、以冷暖为主导的基调对比

围绕色相环按照人们对于色彩的冷暖感觉，可以将其划分成暖色区域、冷色区域和中性色区域。橙色与蓝色分别位于暖极和冷极的两个端点，以橙色为主导的色彩区域被称为暖色调；以蓝色为主导的色彩区域被称为冷色调；它们连线之间的其他色彩称为冷暖的中性色调（图5-1-23）。中性色在暖与冷的感知中具有双重性格。例如，蓝绿色比黄绿黄冷，却又比蓝色暖；紫色比蓝紫色暖，却又比红色冷；同作为中性色，紫色又比绿色偏暖。

在冷暖基调对比中，以暖色作为主导倾向的色彩可以构成暖色基调；以冷色为主导倾向的色彩则可以

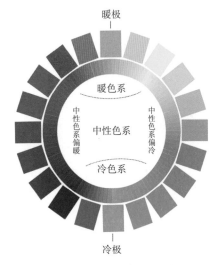

图 5-1-23　冷暖色区域分布示意图

构成冷色基调；以冷暖色调之间为主导倾向的色彩可以构成中性色基调。另外，在每个色彩基调中根据色彩之间对比强弱，又可以分为弱对比、中对比和强对比。

1. **以暖色为主导的基调对比**

以暖色为主导构成的色彩基调，可以分为暖色基调弱对比、暖色基调中对比和暖色基调强对比。主色和辅助色都选用暖色，就构成暖色基调弱对比；主色选用暖色，辅助色选用冷暖色的中性色，就构成暖色基调中对比；主色选用暖色，辅助色选用冷色就构成暖色基调强对比（图5-1-24）。

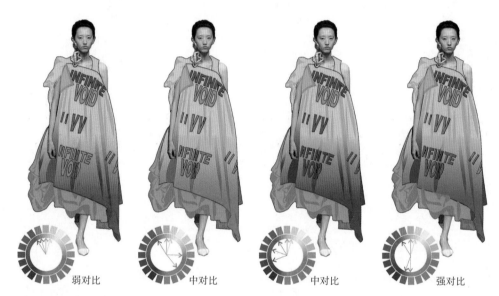

图 5-1-24　暖色基调对比

2. **以冷暖中性色为主导的基调对比**

以冷暖感居中间的色彩为主导就可以构成冷暖的中性色对比基调，以绿色区域或紫色区域都可以构成中性色基调的弱对比、中对比和强对比。主色和辅助色都选用中性色，就构成中性色基调弱对比；主色选用中性色，辅助色选用冷色或暖色，就构成中性色基调中对比；主色和辅助都选用中性色，因其在色相环上呈现补色状态，所以形成中性色基调强对比的视觉效果（图5-1-25）。

3. **以冷色为主导的基调对比**

色彩以冷色为主导构成的色彩基调，可以分为冷色基调弱对比、冷色基调中对比和冷色基调强对比。主色和辅助色都选用冷色，就构成冷色基调弱对比；主色选用冷色，辅助色选用冷暖色的中性色，就构成冷色基调中对比；主色选用冷色，辅助色选用暖色就构成冷色基调强对比（图5-1-26）。

我们上述做的冷暖色彩基调对比，都是围绕色相环选择的高纯度色彩，视觉对比效果比

图 5-1-25　冷暖中性色基调对比

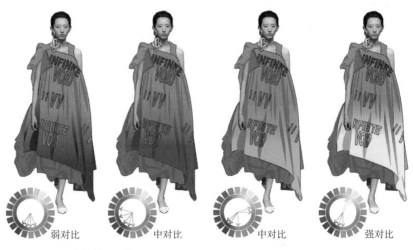

图 5-1-26　冷色基调配色

图 5-1-27　减弱冷暖基调对比

较强烈。如果想获得更加柔和、含蓄、低调一些的冷暖对比基调，也可以采取降低或提高色彩的纯度和明度的方法。图 5-1-27 是在图 5-1-24 和图 5-1-26 的基础上，通过局部或全部提高和降低色彩的明度与纯度的方法，获得更多的冷暖对比可能性，冷暖中性对比同样可以采用此方法。

图 5-1-28　无彩色服装

五、无彩色配色

　　无彩色包括黑色、白色和灰色。黑色和白色是所有色彩的两个极端，是所有色彩的起始与归隐，而处在中间过度的灰色起到平衡与中庸的作用（图5-1-28）。无彩色之间既相互对比又相互依衬，明确单纯的视觉效果被大多数设计师和消费者喜欢。根据明度对比关系，可以构成高明度、中明度和低明度无彩色对比基调关系（图5-1-29）。

六、无彩色与有彩色配色

　　无彩色与有彩色搭配是设计中最常用的配色方法。因无彩色极容易衬托出其他颜色的特点，所以被称为万能的颜色。无彩色无论是作为主色，还是辅助色，与有彩色搭配时都会产生强烈醒目的视觉效果（图5-1-30）。在产品开发设计中无彩色经常作为主色与基础色出现，是服装品牌货品构成中不可缺少的颜色（图5-1-31）。

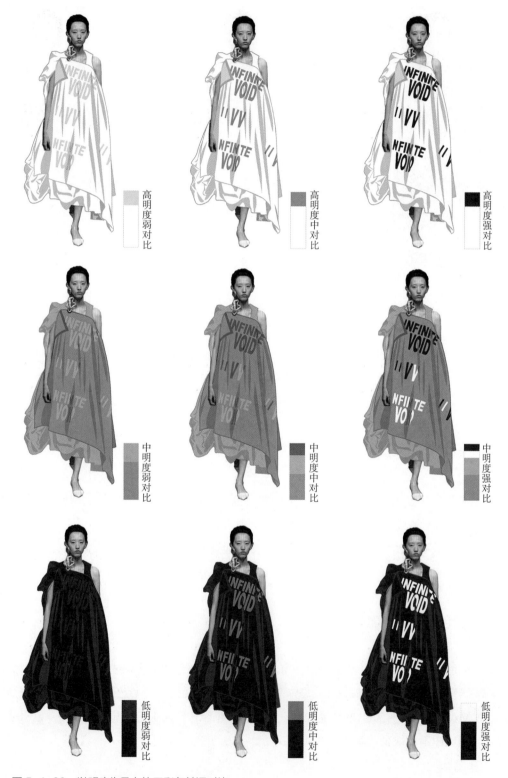

图 5-1-29 以明度为导向的无彩色基调对比

图 5-1-30　无彩色与有彩色基调对比

主色　　　　　　　　　　　　　　基础色

图 5-1-31　无彩色与服装货品构成关系

第二节　服装色彩调和

色彩调和是指在服装设计中，把差别大和对比强的色彩，调整和组合在一个完整的视觉艺术统一体中，使其具有共同性和近似性，从而使观看者从生理和心理上感受到和谐的美感效果。主要包括以下调和方式：

一、同一调和

在色彩搭配组合中，如果色彩具有同一要素特点，就能得到色彩所具有的和谐之美。同一调和包括：混入同一调和、点缀同一调和、连贯同一调和、相互渗透调和。

1. **混入同一调和**

混入同一调和是指在对比强烈的色彩中，混入同一色彩。目的是使对比强烈色彩的个性减弱，共性得到提升，达到调和的目的。例如，在绿、红、黄和黑色色彩中分别加入白色、灰色和蓝色，降低色彩之间的对比度，达到和谐的效果（图5-2-1）。

2. **点缀同一调和**

点缀同一调和是指在对比强烈的色彩中，点缀同一色彩。点缀同一调和同样是使对比强烈色彩的个性减弱，达到和谐的目的（图5-2-2）。

3. **连贯同一调和**

连贯同一调和是指在对比强烈的色彩中，选择同一种颜色用包边、嵌边和间隔等手法，使对比双方相互连贯，达到调和的目的（图5-2-3）。

4. **相互渗透调和**

相互渗透调和是让色彩之间进行有层次节奏的相互渗透与融合，色彩在渗透过程中形成节奏和韵律，从而达到调和的视觉效果（图5-2-4）。

图5-2-1　混入同一调和

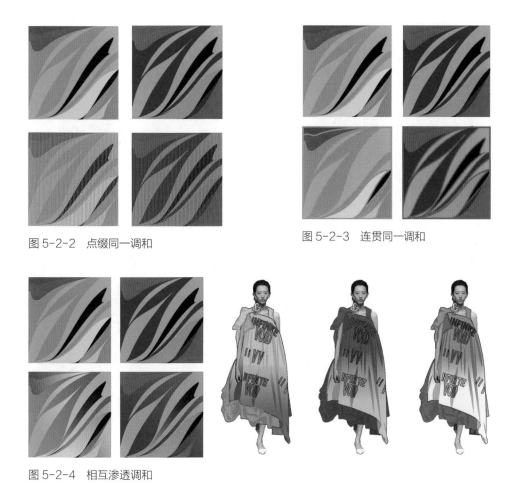

图 5-2-2　点缀同一调和

图 5-2-3　连贯同一调和

图 5-2-4　相互渗透调和

二、相近式调和

　　色彩相近式调和是指选择的色彩都具有基本相近和相同的外貌特征。这些色彩在色立体中，基本处在相同的空间位置上。例如，色相对比中的邻接色和类似色；高明度、中明度和低明度中的弱对比；中纯度和低纯度中的弱对比；以及冷暖对比中的所有弱对比（图 5-2-5）。

三、面积调和

　　面积调和是指通过改变色块面积以达到色彩调和的目的。因为色彩面积越大，就越能显现其特性，色彩主导性也就越强。相反，同样对比强烈的色彩，如果减小色块之间的面积，就能够达到调和的目的（图 5-2-6）。面积调和符合空间混合原理，随着色彩面积的减

邻接色	类似色	高明度弱对比	中明度弱对比	低明度弱对比

中纯度弱对比	低纯度弱对比	暖色调弱对比	冷暖中性色弱对比	冷暖中性色弱对比	冷色调弱对比

图 5-2-5　相近式调和

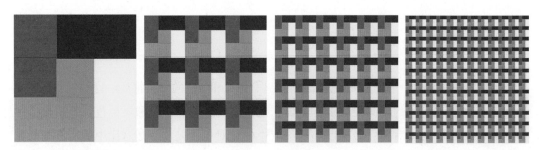

图 5-2-6　色彩面积调和

小，色彩在视觉中形成了混合，达到了色彩协调与和谐的效果。

四、秩序调和

将色相对比强烈刺激的色彩进行有秩序有规律的组织编排，形成有节奏、有韵律的色彩层次。通过这种有规律的节奏变化，达到视觉和心理的均衡。秩序调和可以围绕色彩的明度、色相和纯度等基本属性展开。图5-2-7、图5-2-8是以明度为导向的秩序调和，色彩呈现由深至浅的渐变规律；图5-2-9是以色相为导向的秩序调和，色彩关系按照赤、橙、黄、绿、青、蓝、紫光谱的顺序排列；图5-2-10是以纯度为导向的秩序调和，在高纯度色彩中逐渐加入低纯度的灰色，构成有秩序的画面。在调和过程中色彩层次越丰富，秩序感就越强，调和效果也就越好。

图 5-2-7　服装设计中以明度为导向的秩序调和

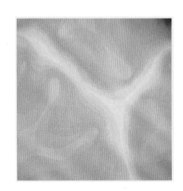

图 5-2-8　以明度为导向的色彩秩序调和

图 5-2-9　以色相为导向的色彩秩序调和（2012级 沈烨）

图 5-2-10　以纯度为导向的色彩秩序调和

思考与练习

1. 高明度弱对比基调的感知特征有哪些？

2. 低纯度强对比基调的感知特征有哪些？

3. 邻接色、类似色、中差色、异比色、互补色的视觉特征是怎样的？

4. 同一调和包括哪几种方式？

5. 色彩面积与调和的关系？

6. 色相对比基调练习。

作业内容：①围绕色相环选择两至三种色进行色相基调对比研究。尽量选用高彩度色彩，以一种颜色作为主色调，其他颜色作辅助色。内容包括同种色、邻接色、类似色、中差色、对比色、互补色基调。②围绕色相环进行多种色相基调对比（练习图5-1~练习图5-3）。

要求与方法：

①要求色相基调对比关系准确，色彩协调。

②可以用无彩色作为辅助色调。

③以服装效果图的形式呈现，用计算机或手绘形式表现。

④构图完整，画面整洁。

7. 明度对比基调练习。

作业内容：在色立体剖面中选择两种或三种以上颜色进行纯度基调对比研究。以一种颜色作为主色调分别完成高纯度弱、中、强三个基调对比，中纯度弱、中、强三个基调对比和低明度弱、中、强三个基调对比（练习图5-4~练习图5-11）。

要求与方法：

①要求纯度基调对比关系准确，色彩协调。

②可以用有彩色或无彩色作为主色与辅助色调。

③以服装效果图或装饰图案形式呈现，可以用计算机或手绘形式表现。

④构图完整，画面整洁。

8. 纯度对比基调练习。

作业内容：在色立体剖面中选择两种或三种以上颜色进行纯度基调对比研究。以一种颜色作为主色调分别完成高纯度弱、中、强三个基调对比，中纯度弱、中、强三个基调对比和低纯度弱、中、强三个基调对比（练习图5-12~练习图5-18）。

要求与方法：

①要求各种色彩基调关系准确，色彩协调。

②中纯度和低纯度基调对比中的主色和辅助色尽量选择中明度区域色彩，但可少量使用高明度和低明度色彩作为点缀。

③以服装效果图或装饰图案形式呈现，可以用计算机或手绘形式表现。

④构图完整，画面整洁。

9. 冷暖对比基调练习。

作业内容：（任选一个题目）

①围绕色相环选定两种以上色彩，分别构成暖色调弱、中、强基调对比；冷色调中的弱、中、强基调对比；两种中性色调弱、中、强基调对比。同时任选一种或两种以上调和方法（混合同一调和、点缀同一调和、连贯同一调和、相互渗透调和、秩序调和、面积调和）运用在冷暖基调对比中（练习图5-19~练习图5-26）。

②围绕色相环选定两种以上色彩，分别构成暖色调对比；冷暖中性色调对比；冷色调对比。同时任选三种调和方法（混合同一调和、点缀同一调和、连贯同一调和、相互渗透调和、秩序调和、面积调和）运用在冷暖基调对比中（练习图5-27、练习图5-28）。

要求与方法：

①要求冷暖色彩基调对比关系准确，色彩协调。

②根据基调需要既可以用色相环中原有的高纯度色彩，也可以提高或降低色彩的明度和纯度。

③以服装效果图或装饰图案形式呈现，可以用计算机或手绘形式表现。

④构图完整，画面整洁。

10. 色彩调和练习。

作业内容：从同一调和、点缀同一调和、连贯同一调和、相互渗透调和、秩序调和、面积调和中任意选三种调和方法运用在装饰图案设计中（练习图5-29、练习图5-30）。

要求与方法：

①突显调和手法在图案设计表现中的作用。

②要求色调明确，色彩层次丰富，色调协调。

③以装饰图案形式呈现，可以用计算机或手绘形式表现。

④构图完整，画面整洁。

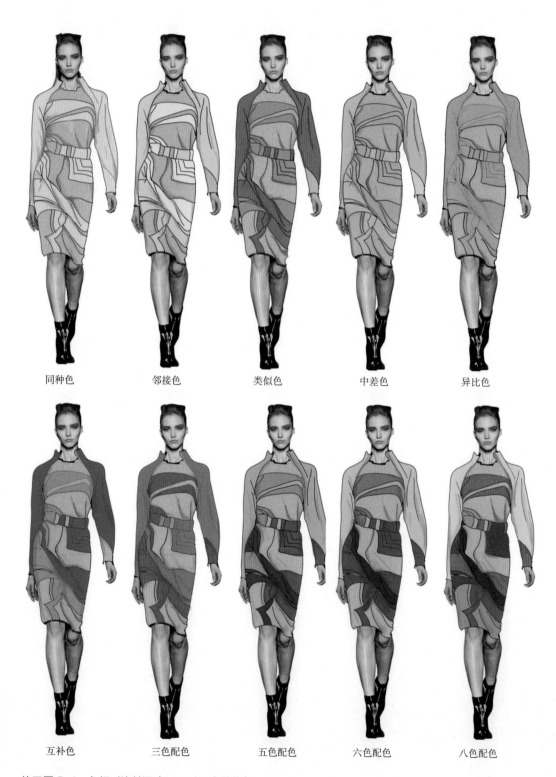

同种色　　　邻接色　　　类似色　　　中差色　　　异比色

互补色　　　三色配色　　　五色配色　　　六色配色　　　八色配色

练习图 5-1　色相对比基调（2018 级　金茹依）

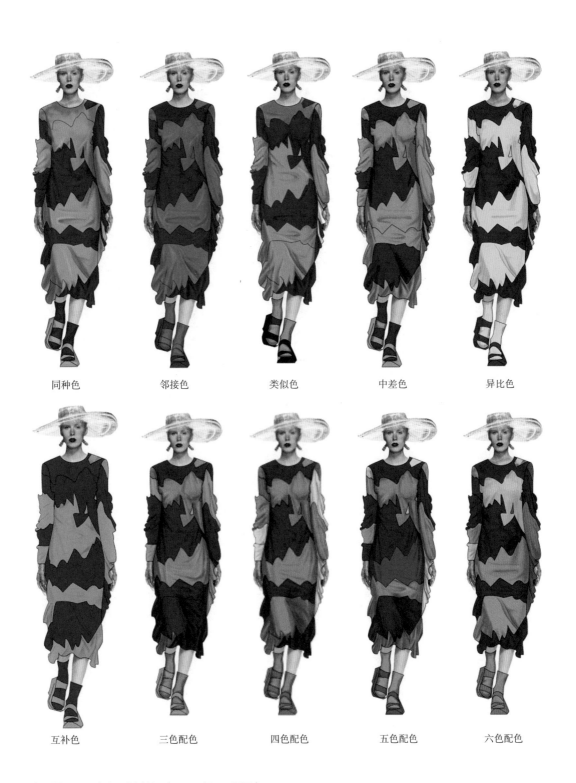

| 同种色 | 邻接色 | 类似色 | 中差色 | 异比色 |

| 互补色 | 三色配色 | 四色配色 | 五色配色 | 六色配色 |

练习图 5-2　色相对比基调（2018 级　丁晶晶）

同种色 邻接色 类似色 中差色 异比色

互补色 三色配色 四色配色 五色配色 六色配色

练习图 5-3 色相对比基调（2018 级 沈菲）

高明度弱对比　　　　高明度中对比　　　　高明度强对比

中明度弱对比　　　　中明度中对比　　　　中明度强对比

低明度弱对比　　　　低明度中对比　　　　低明度强对比

练习图 5-4　明度对比基调（2018 级　金茹依）

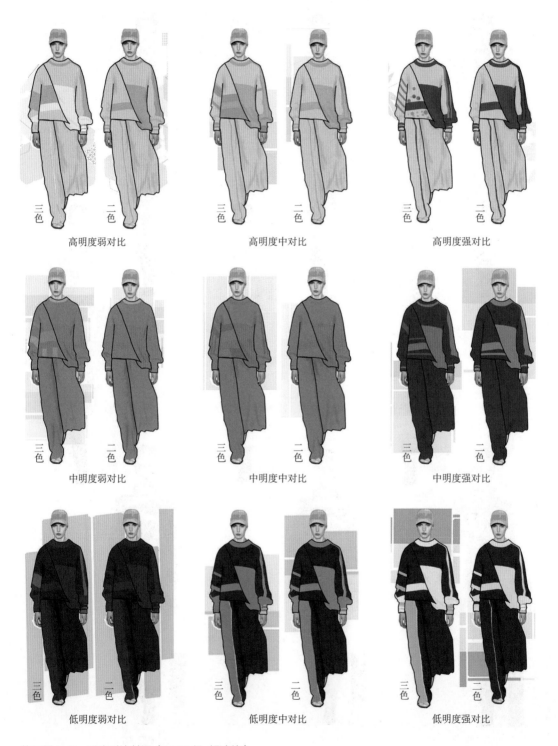

练习图 5-5　明度对比基调（2018 级　胡诗倩）

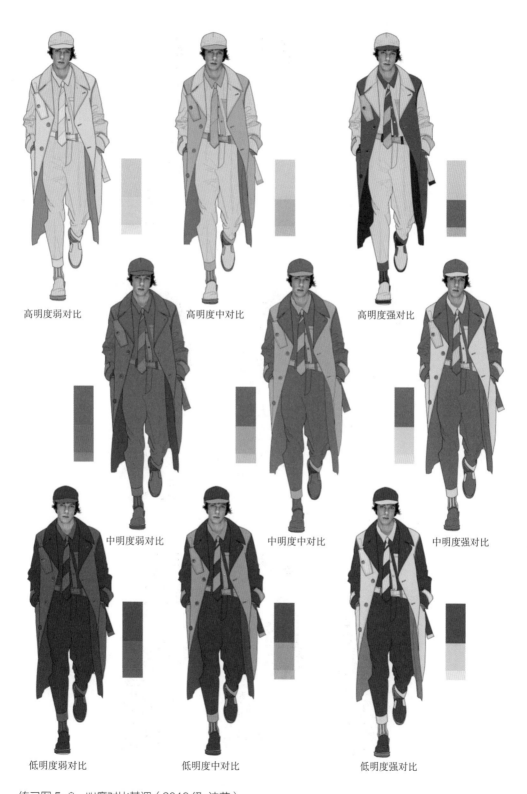

高明度弱对比　　　高明度中对比　　　高明度强对比

中明度弱对比　　　中明度中对比　　　中明度强对比

低明度弱对比　　　低明度中对比　　　低明度强对比

练习图 5-6　明度对比基调（2018 级　沈菲）

高明度弱对比　　　　高明度中对比　　　　高明度强对比

中明度弱对比　　　　中明度中对比　　　　中明度强对比

低明度弱对比　　　　低明度中对比　　　　低明度强对比

练习图 5-7　明度对比基调（2018 级　蒙惠莹）

高明度　高明度　高明度
强对比　中对比　弱对比

中明度　中明度　中明度
强对比　中对比　弱对比

低明度　低明度　低明度
强对比　中对比　弱对比

练习图 5-8　明度对比基调（2015 级　陈艺群）

高明度　高明度　高明度
强对比　中对比　弱对比

中明度　中明度　中明度
强对比　中对比　弱对比

低明度　低明度　低明度
强对比　中对比　弱对比

练习图 5-9　明度对比基调（2014 级　黄钰）

高明度　高明度　高明度
强对比　中对比　弱对比

中明度　中明度　中明度
强对比　中对比　弱对比

低明度　低明度　低明度
强对比　中对比　弱对比

练习图 5-10　明度对比基调（2013 级　罗皓）

高明度　高明度　高明度
强对比　中对比　弱对比

中明度　中明度　中明度
强对比　中对比　弱对比

低明度　低明度　低明度
强对比　中对比　弱对比

练习图 5-11　明度对比基调（2015 级　胡韩潇）

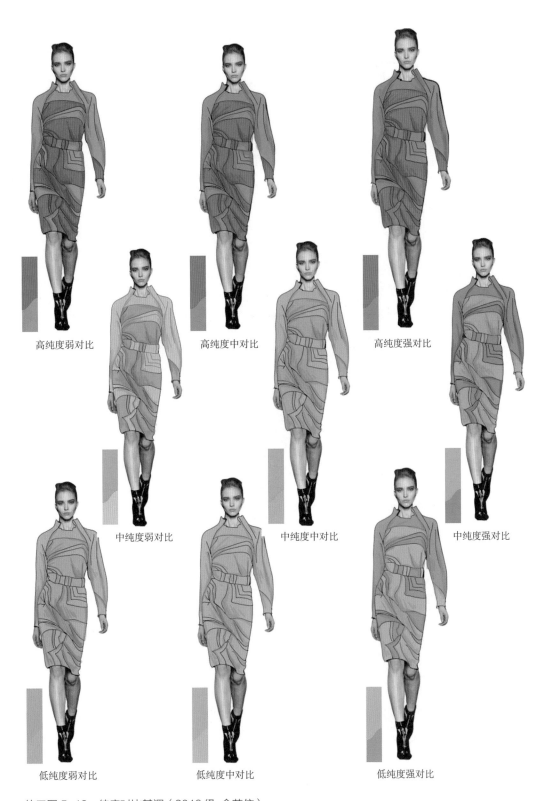

高纯度弱对比　　　　高纯度中对比　　　　高纯度强对比

中纯度弱对比　　　　中纯度中对比　　　　中纯度强对比

低纯度弱对比　　　　低纯度中对比　　　　低纯度强对比

练习图 5-12　纯度对比基调（2018 级　金茹依）

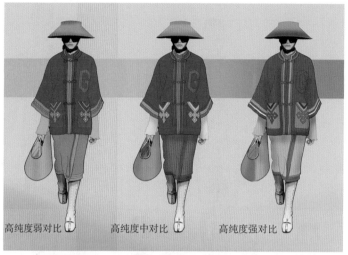

高纯度弱对比　　　　高纯度中对比　　　　高纯度强对比

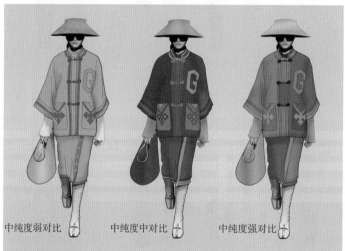

中纯度弱对比　　　　中纯度中对比　　　　中纯度强对比

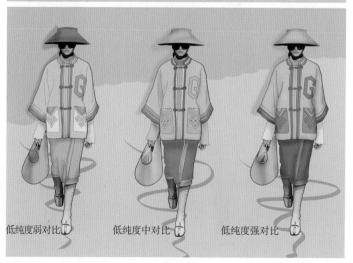

低纯度弱对比　　　　低纯度中对比　　　　低纯度强对比

练习图 5-13　纯度对比基调（2018 级 赵欣茹）

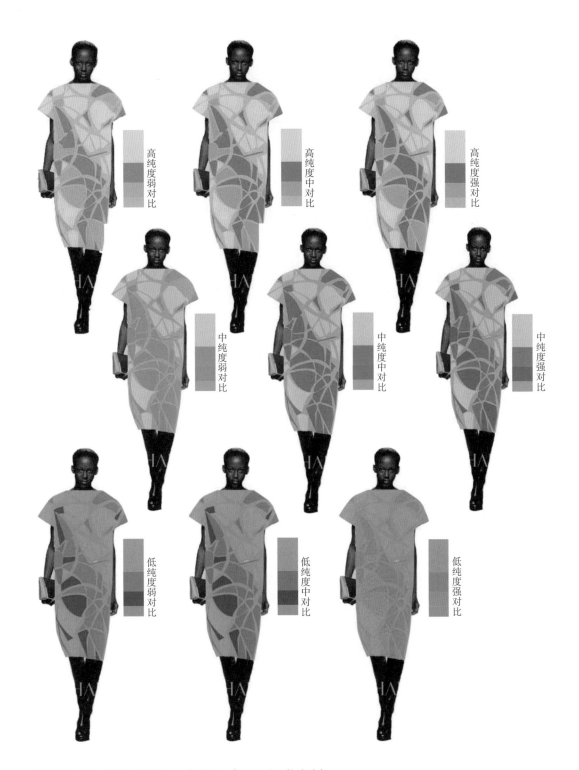

高纯度　高纯度　高纯度
强对比　中对比　弱对比

中纯度　中纯度　中纯度
强对比　中对比　弱对比

低纯度　低纯度　低纯度
强对比　中对比　弱对比

练习图 5-15　纯度对比基调（2015 级 刘正娴）

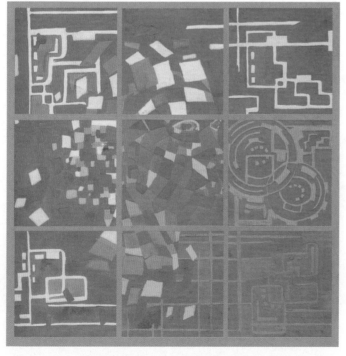

高纯度　高纯度　高纯度
强对比　中对比　弱对比

中纯度　中纯度　中纯度
强对比　中对比　弱对比

低纯度　低纯度　低纯度
强对比　中对比　弱对比

练习图 5-16　纯度对比基调（2015 级 陈艺群）

高纯度　高纯度　高纯度
强对比　中对比　弱对比

中纯度　中纯度　中纯度
强对比　中对比　弱对比

低纯度　低纯度　低纯度
强对比　中对比　弱对比

练习图 5-17　纯度对比基调（2015 级　吴洁）

高纯度　高纯度　高纯度
强对比　中对比　弱对比

中纯度　中纯度　中纯度
强对比　中对比　弱对比

低纯度　低纯度　低纯度
强对比　中对比　弱对比

练习图 5-18　纯度对比基调（2012 级　余彦婕）

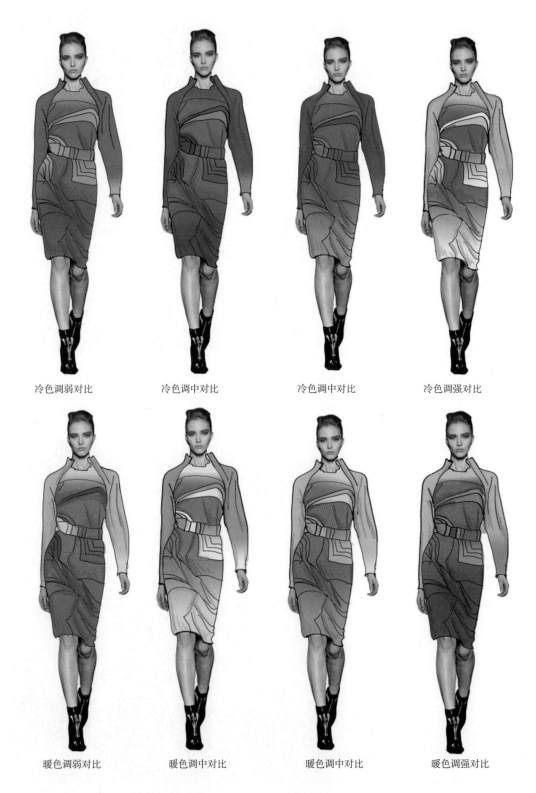

冷色调弱对比　　　冷色调中对比　　　冷色调中对比　　　冷色调强对比

暖色调弱对比　　　暖色调中对比　　　暖色调中对比　　　暖色调强对比

练习图 5-19　冷暖对比基调＋相互渗透调和（2018 级　金茹依）

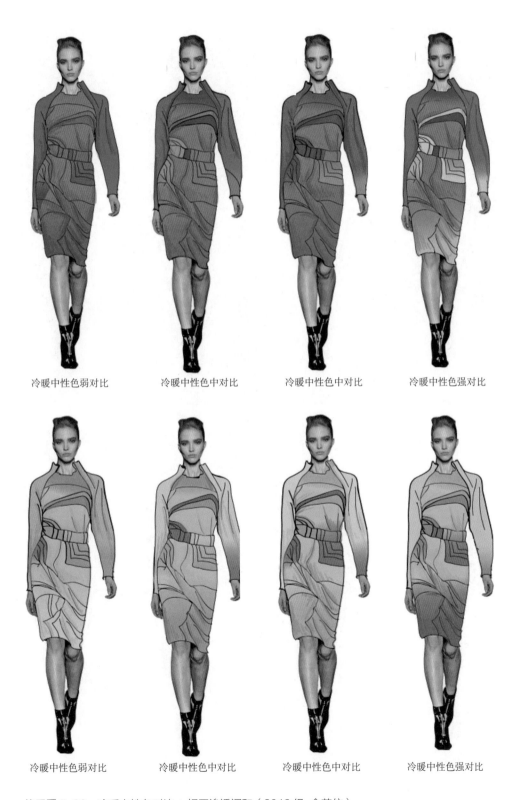

冷暖中性色弱对比　　　　冷暖中性色中对比　　　　冷暖中性色中对比　　　　冷暖中性色强对比

冷暖中性色弱对比　　　　冷暖中性色中对比　　　　冷暖中性色中对比　　　　冷暖中性色强对比

练习图 5-20　冷暖中性色对比＋相互渗透调和（2018 级　金茹依）

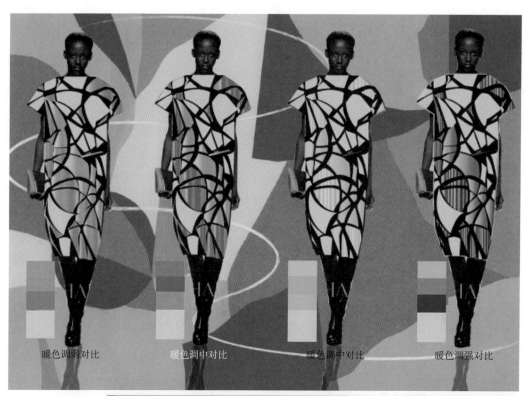

暖色调弱对比　　　　　暖色调中对比　　　　　暖色调中对比　　　　　暖色调强对比

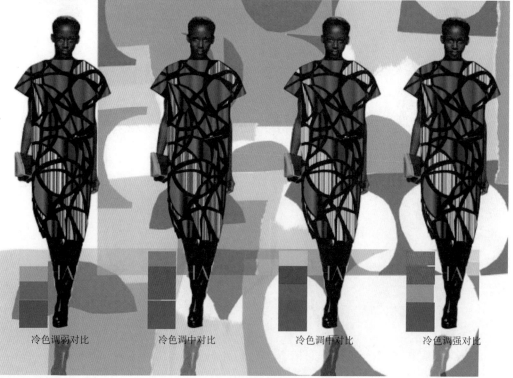

冷色调弱对比　　　　　冷色调中对比　　　　　冷色调中对比　　　　　冷色调强对比

练习图 5-21　冷暖对比基调 + 连贯同一 + 秩序调和（2018 级　蒋诗琦）

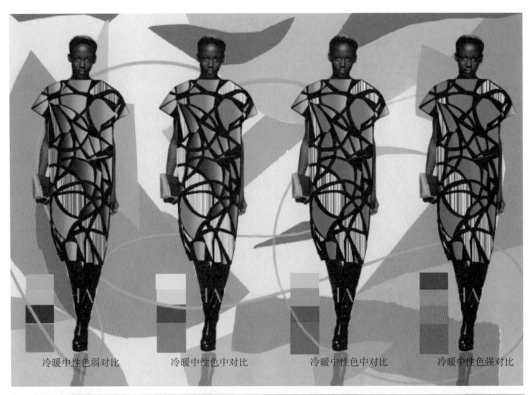

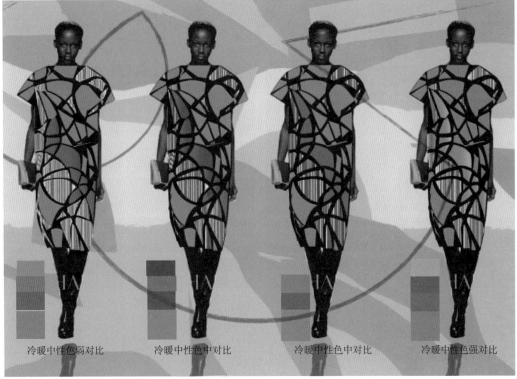

练习图 5-22　冷暖中性色对比＋连贯同一＋秩序调和（2018 级　蒋诗琦）

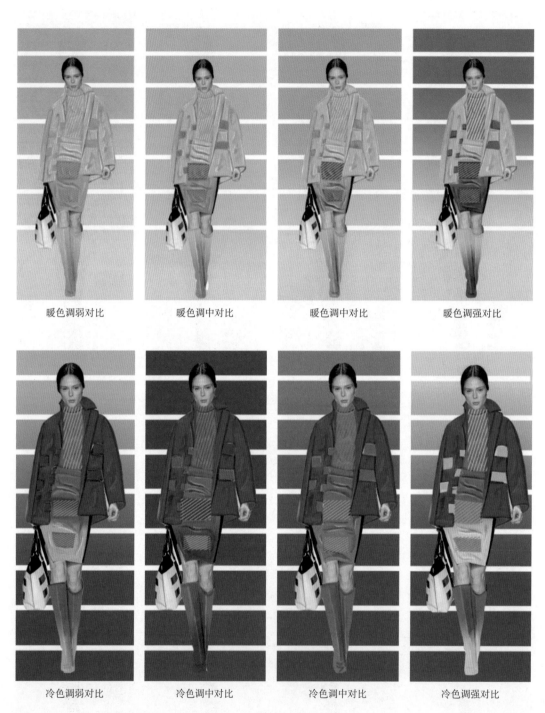

<table>
<tr><td>暖色调弱对比</td><td>暖色调中对比</td><td>暖色调中对比</td><td>暖色调强对比</td></tr>
<tr><td>冷色调弱对比</td><td>冷色调中对比</td><td>冷色调中对比</td><td>冷色调强对比</td></tr>
</table>

练习图 5-23　冷暖对比基调＋点缀同一调和（2018 级　马音齐）

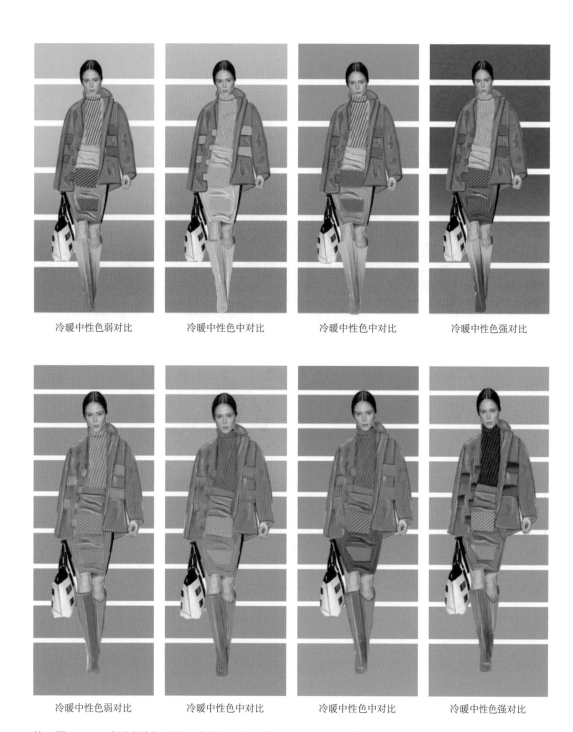

冷暖中性色弱对比	冷暖中性色中对比	冷暖中性色中对比	冷暖中性色强对比

冷暖中性色弱对比	冷暖中性色中对比	冷暖中性色中对比	冷暖中性色强对比

练习图 5-24　冷暖中性色对比＋点缀同一调和（2018 级　马音齐）

暖色调弱对比　　　　暖色调中对比　　　　暖色调中对比　　　　暖色调强对比

冷色调弱对比　　　　冷色调中对比　　　　冷色调中对比　　　　冷色调强对比

练习图 5-25　冷暖对比基调 + 秩序调和（2018 级　蒙惠莹）

冷暖中性色强对比　　冷暖中性色中对比　　冷暖中性色中对比　　冷暖中性色弱对比

冷暖中性色强对比　　冷暖中性色中对比　　冷暖中性色中对比　　冷暖中性色弱对比

练习图 5-26　冷暖中性色对比 + 秩序调和（2018 级　蒙惠莹）

练习图 5-27　冷暖对比＋调和（2015 级　应鑫）

暖色调＋点缀同一调和　　　　　中性色调＋相互渗透调和　　　　　冷色调＋连贯同一调和

练习图 5-28　冷暖对比＋调和（2015 级　潘珊珊）

相互渗透调和　　　　点缀同一调和　　　　连贯同一调和

练习图 5-29　色彩同一调和（2012 级　唐香宁）

混入同一调和　　　　　　　　点缀同一调和　　　　　　　　连贯同一调和

练习图 5-30　色彩同一调和（2013 级　骆滢滢）

理论与实践

第六章　服装色彩的采集与重构

课题名称： 服装色彩的采集与重构

课题内容： 色彩归纳重构　色彩创意重构

课题时间： 8课时

教学目的： 通过采集整理灵感图片信息资料，提高艺术修养和审美能力。培养学生观察能力、想象力、归纳概括能力和设计转换能力。

教学要求： 1. 全方面关注自然与历史文化艺术。

2. 掌握归纳、提炼和概括色彩的方法。

课前准备： 收集色彩灵感图片资料。

　　色彩的采集重构是对收集的素材进行理解、提炼和再创作的过程。色彩的采集阶段，是丰富题材、激发创作欲望的阶段。通过对灵感图片的采集和筛选的过程来了解不同艺术的风格特征、不同民族的风土人情、历史文化的精神内涵、现代艺术的意识观念、千变万化的自然环境，以及科学技术发展状况等。采集的目的一方面是为了积累创作素材；另一方面是通过采集的过程，提高艺术修养和审美意识。

第一节　色彩归纳重构

一、色彩信息的采集

　　色彩信息的采集过程，也是向大自然和文化科学学习的过程。大自然中的动物、植物、矿物和各种景象；文化科学中的绘画、电影、建筑、舞蹈、民族文化、民俗风情、历史人物、科学技术等，都凝聚着不同的文化和精神内涵，都可以成为创作设计的素材。时任法国高级时装迪奥的设计师约翰·加利亚诺（John Galliano）经常会从植物花卉、艺术绘画、电影人物、时尚人物、民族文化中获取创作灵感，并转换到服装设计作品中。例如，1998年春夏高级定制中服装整体风格和模特的化妆造型色彩，取之于时尚人物麦瑞·凯瑟蒂（Maria Casati）的形象（图6-1-1）；1999年秋冬高级定制中礼服的色彩，取自于意大利19世纪"斑痕画家"波迪尼的绘画作品中的人物形象（图6-1-2）；2004年春夏高级定制中的色彩和造

图6-1-1　迪奥高级定制（1998年春夏）

图6-1-2　迪奥高级定制（1999年秋冬）

型分别来源于古埃及的棕榈叶装饰、图坦卡蒙金面具和木乃伊等（图6-1-3）；2004年秋冬高级定制中使用的化妆造型和色彩，很大一部分灵感来源，是越南战争时一位年轻的反战主义者海彼斯克斯（Hibiscus）的形象（图6-1-4）；2008年春夏高级定制中的装饰手法和装饰色彩，题材源于奥地利现代分离派画家古斯塔夫·克林母特（Gustav Klimt）的绘画作品（图6-1-5）；2009年春夏高级定制中使用的蓝色和黄色，是以十七世纪荷兰绘画大师约翰内斯·维米尔（Johannes Vermeer）的《戴珍珠耳环的少女》中的蓝色和金色为灵感（图6-1-6）。加利亚诺说："大自然就是我所有灵感的源泉。"所以在2009年和2010年秋冬高级定制中都使用动物和花卉植物的造型装饰色彩元素（图6-1-7、图6-1-8）。

事实上，自然界和文化科学中被人们喜爱的色彩和色调不胜枚举，能满足我们审美情趣的事物更是无穷无尽。最重要的是通过观察与分析，选出符合大众审美情趣和自身风格特点的色彩信息。

图6-1-3　迪奥高级定制（2004年春夏）

图6-1-4　迪奥高级定制（2004年秋冬）

图 6-1-5　迪奥高级定制（2008 年春夏）

图 6-1-6　迪奥高级定制（2009 年春夏）

图 6-1-7　迪奥高级定制（2010 年秋冬）

图 6-1-8　迪奥高级定制（2011 年秋冬）

二、色彩的归纳重构与设计应用

　　重构是通过对灵感图片结构关系和色彩关系的分析、研究、取舍与整合，获取有价值的色彩信息的设计构成过程。通过对灵感采集图片的分析、分解与重构，将复杂的色彩画面概括成简练、和谐、统一的色彩画面。色彩归纳重构可以获得一系列完整的色调群组，通过对色彩的取舍，可将其应用在装饰设计和服装设计中（图6-1-9）。

　　色彩归纳重构方法的优势在于它的直观性和色彩效果可预见性，这种设计方法操作简便、省力实用，并且可以起到事半功倍的效果，是色彩流行趋势预测、产品企划（图6-1-10）、服装设计（图6-1-11）和品牌策划等常用的设计方法。

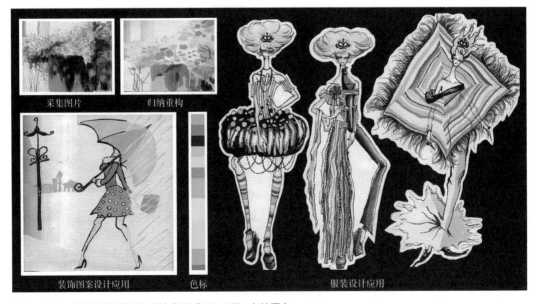

图 6-1-9　色彩采集重构与设计应用（2012 级 李梦雪）

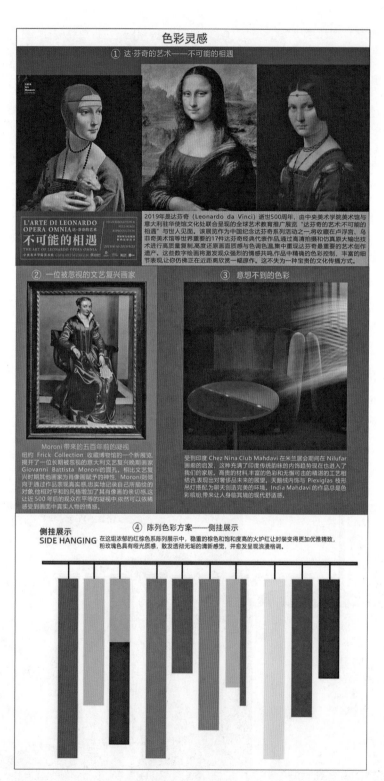

图6-1-10　2020/21秋冬　色彩企划原创
资料来源：WOW-TREND　热点趋势。

☆达·芬奇的艺术——不可能的相遇

2019年是达·芬奇（Leonardo da Vinci）逝世500周年，由中央美术学院美术馆与意大利驻华使馆文化处联合呈现的全球艺术教育推广展览"达·芬奇的艺术——不可能的相遇"与世人见面。该展览作为中国纪念达·芬奇系列活动之一，将收藏在卢浮宫、乌菲奇美术馆等世界重要的17件达·芬奇经典代表作品，通过高清拍摄和仿真原大输出技术进行高质量复制，高度还原画面质感与色调色温，集中重现达·芬奇最重要的艺术创作遗产。这些数字绘画将激发观众强烈的情感共鸣，作品中精确的色彩控制、丰富的细节表现，让你仿佛正在近距离欣赏一幅原作。这不失为一种宝贵的文化传播方式。

☆一位被忽视的文艺复兴画家——Moroni带来的五百年前的凝视

纽约弗里克收藏（Frick Collection）艺术博物馆的一个新展览，揭开了一位长期被忽视的意大利文艺复兴晚期画家乔瓦尼·巴蒂斯塔·莫罗尼（Giovanni Battista Moroni）的面孔。相比文艺复兴时期其他画家为肖像画赋予的神性，Moroni则倾向于通过作品表现真实感，忠实地记录自己所描绘的对象，他相对平和的风格增加了其肖像画的亲切感，这让近500年后的观众在平等的凝视中，依然可以依稀感受到画面中真实人物的情感。

☆意想不到的色彩

受到印度Chez Nina Club Mahdavi在米兰展会期间在Nilufar画廊的启发，这种充满了印度传统韵味的内饰趋势现在也进入了我们的家居。高贵的材料、丰富的色彩和无懈可击的精湛的工艺相结合，表现出对奢侈品未来的展望。天鹅绒内饰与 Plexiglas 枝形吊灯搭配，为聊天创造完美的环境。India Mahdavi 的作品总是色彩缤纷，带来让人身临其境的现代舒适感。

☆陈列色彩方案——侧挂展示

在这组浓郁的红棕色系陈列展示中，稳重的棕色和饱和度高的火炉红让时装变得更加优雅精致，粉玫瑰色具有哑光质感，散发透彻无垢的清新感觉，并愈发呈现浪漫格调。

☆创意服装设计——饕餮盛豔

本系列服装取名"饕餮盛豔"，源于青铜器时代纹样。服装上的纹样是"青铜时代"中的饕餮纹，以纹样、造型为设计点，突出图案的可转变性；"豔"是"艳"的繁体字，服装中结合花卉的设计，本系列服装是在对铜器纹样、色彩、造型质感等方面进行细致的分析后，总结出其在现代服装设计中铜器纹样的运用与表达，并且结合现实中的可实现手法进行运用。

采集重构是平面重构组合设计方法在服装色彩设计上的延续。用这种方法获取灵感来源，虽然设计思路和方法没有改变，但视觉语言符号已经发生转换，应该更多地考虑色彩同服装的材质、款式结构、服饰配件的整体搭配效果以及主题思想的完美体现和色彩同流行时尚的关系等问题。

图 6-1-11　服装系列设计（2015 级　叶婷）

第二节　色彩创意重构

一、色彩信息的采集

　　色彩创意重构中色彩的采集阶段，是丰富题材、激发创作欲望和灵感的阶段。重点是在寻找灵感图片过程中发现事物相似的特征。最主要的是要充分发挥设计者的观察力、想象力和创新设计能力。

二、色彩的创意重构

　　创意重构设计是以原始图片为依据，通过想象和联想重新构成与原有事物本质相区别，但又存在内在关联性和外观相似性的设计画面（图6-2-1）。

图 6-2-1　色彩创意与重构（2012 级　唐香宁）

作者将画面旋转180°，将裤腿想象成长颈鹿的脖颈，而将高跟鞋的跟想象成长颈鹿的犄角，画面经过巧妙添加处理，最终呈现出两只生动的长颈鹿形象。

重构过程是一个再创作的过程，主要体现设计者对色彩文化认知理解的深度与广度、对艺术生活的感受与体验，同时也体现设计者的艺术表现力和艺术修养。创意重构可以充分挖掘和发挥设计者的观察力、想象力、创造力、艺术转换和归纳概括能力。

思考与练习

1. 归纳重构的目的是什么？

2. 创意重构的特点是怎样的？

3. 归纳重构练习。

作业内容：采集灵感图片，利用归纳重构的方法，将图片中的色彩进行提炼和概括，并运用在服装设计中（练习图6-1~练习图6-7）。

要求与方法：

①要求题材广泛，突出设计主题和文化内涵。范围包括历史文化古迹、中西方绘画作品、民族民俗风情、自然景色、动物、植物、电影、电视、高科技产品等。

②对图片进行分析研究，提取契合设计风格的图形和色彩信息。

③色彩与服装风格统一协调，用计算机或手绘形式表现。

④技法娴熟，构图完整，画面整洁。

4. 创意重构练习。

作业内容：采集灵感图片，利用创意重构的方法进行创意重构设计（练习图6-8~练习图6-13）。

要求与方法：

①在采集图片中激活创造性思维，筛选出具有审美价值的创作素材。

②对图片进行分析研究，以相似特征为出发点，进行更多的联想，注意作品的内在关联性和外观相似度。

③用手绘形式表现。

④构图完整，画面整洁。

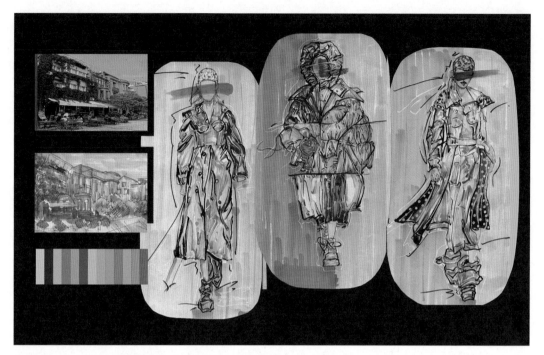

练习图 6-1　色彩归纳重构作业 1（2018 级　马音齐）

练习图 6-2　色彩归纳重构作业 2（2012 级　唐香宁）

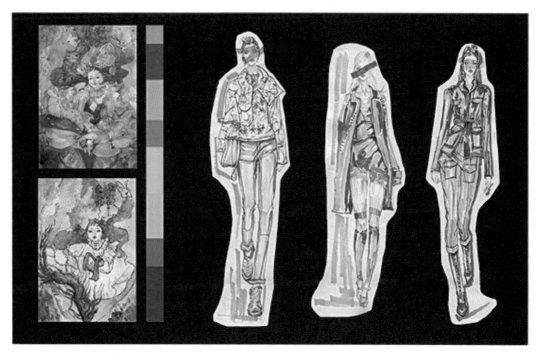

练习图 6-3　色彩归纳重构作业 3（2018 级　胡诗倩）

练习图 6-4　色彩归纳重构作业 4（2018 级　周佳彦）

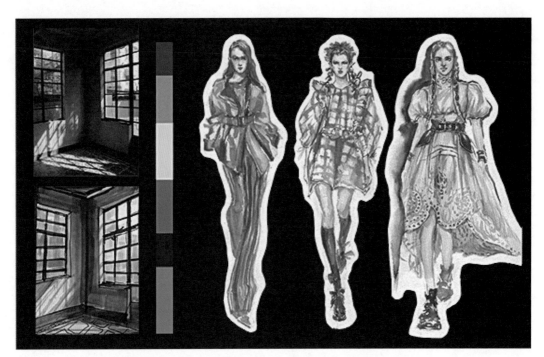

练习图 6-5　色彩归纳重构作业 5（2018 级　沈菲）

练习图 6-6　色彩归纳重构作业 6（2018 级　蒋诗绮）

练习图 6-7　色彩归纳重构作业 7（2017 级　胡亚婷）

练习图 6-8　色彩创意重构设计作业 1（2002 级　胥安娜）
作者从一幅螺旋的图片中获取灵感，形象地将其描绘成一只形态生动的蜗牛。画面色彩丰富，层次节奏鲜明。

练习图 6-9　色彩创意重构设计作业 2（2002 级　金姬鸿）

作者的想象力丰富，画面充满了趣味，将纽扣巧妙地想象成了一只只甲壳虫，被虫子咬过后留下的斑驳树叶同树干与树洞融为一体，画面相得益彰。

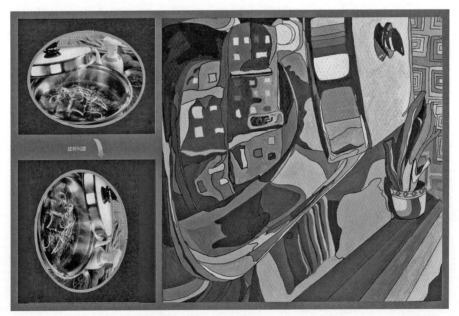

练习图 6-10　色彩创意重构设计作业 3（2002 级　蒋晨瑶）

作者从锅和食物获取灵感，将画面 90° 旋转后，联想到从窗户向外看到的街景。

练习图 6-11　色彩创意重构设计作业 4（2002 级　繁荣）

作者从一组防水手表广告获取灵感，把它们设计成一只只游动的水母，整个设计形象生动，充满了想象力。

练习图 6-12　色彩创意重构设计作业 5（2002 级　孙娜）

这是一幅非常有趣的设计作品，作者巧妙地将一组乐器转换设计成一只活灵活现的唐老鸭形象。

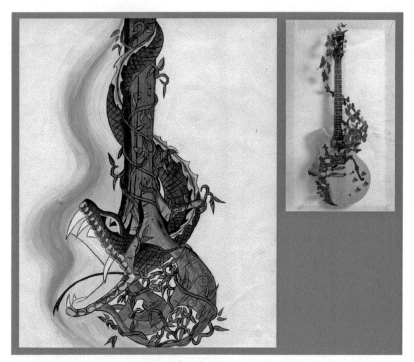

练习图 6-13　色彩创意重构设计作业 6（2013 级　郁梦婷）

这幅作品想象力丰富，作者巧妙地将飞舞缠绕在贝斯上的蝴蝶，设计转换成一条张着大口凶猛的毒蛇。

理论与实践

第七章　流行色与服装色彩

课题名称：流行色与服装色彩

课题内容：流行色的概念与特征　影响流行色发展的要素

流行色趋势预测

课题时间：4课时

教学目的：了解流行色和流行色预测的相关知识，在模拟流行色预测的过程

中掌握流行色预测和设计的方法。

教学要求：1. 了解流行色概念、特征以及影响流行色发展的要素。

2. 了解国际流行色各种权威机构、组织。

3. 掌握色彩流行趋势分析方法并进行相应的设计应用实践。

课前准备：了解国际流行色趋势相关内容和最新国际流行色。

第一节　流行色的概念与特征

一、流行色的概念

流行色的英文名称是"Fashion Colour"，意为合乎时代风尚的颜色，即"时髦色"。它是指在一定时期和地区内，产品中被大多数消费者所喜爱或采纳的带有倾向性的几种或几组色彩和色调。是一个时期、一定社会条件下人们心理活动的产物，同时，也受到社会政治、经济、文化、科技等因素的冲击、推动与制约。它存在于纺织、轻工、食品、家具、城市建筑、室内装潢等各个方面的产品中，但是，反应最为敏感的首推纺织产品和服装，它们的流行周期最为短暂，变化也最快。

流行色是相对"常用色"而言的，是服装色彩表现中重要的色彩现象之一，其受众一般比较年轻，在纺织服装领域应用最为广泛，与人类衣、食、住、行、用等领域息息相关，是商品竞争的有力手段。

服装色彩表现中有四种色彩现象：传统色、常用色、品牌色和流行色。传统色突出地区特征，如中国人推崇的红色、阿拉伯人喜爱的绿色、西方人青睐的咖啡色等。常用色使用面广、应用持续时间长，如不分年龄、性别等使用的黑色、白色、灰色、米色、咖啡色等。品牌色偏重突出企业文化、形象，比如"安娜苏紫""法拉利红""路易·威登棕""爱马仕橙"等。流行色更具有经济性、国际性，特别是在贸易日益国际化的今天，流行色对于扩展市场、引导消费起着不可替代的作用。

流行色是与常用色等相对而言的。各个国家和民族，都有自己喜爱的传统色彩，并且相对稳定。但这些常用色有时也会转变，上升为流行色，而某些流行色在一定时期内也有可能变为常用色。在每季度推出的流行色中，也常可见到一些常用色的身影。流行色是服装设计中的一个重要因素，也是时尚服装的一个重要标志。

二、流行色的特征

流行色作为色彩学、设计学等学科中一个独立的研究与应用领域，与其他色彩概念势必有着不同之处。主要包括时效性、地域性、色调性、普及性、周期性等方面特征。

1. 时效性特征

流行色的"时效性"主要是指在不同的时间点内，受社会环境、心理等因素的影响，消费者对色彩会有不同喜好的现象。不单是流行色，其他任何与时尚有关的事物都有时效性特点。这也是流行的发展规律。为此市场也会有针对性地主销不同的颜色。

流行色的"时效性"主要与人的心理和流行周期等因素有关。从心理层面来分析，人们都有"喜新厌旧"的心理，一种样式出现，当被人们广泛接受而形成一定流行规模时，便失去了新异性，一旦出现新的色彩，就会被更时髦、新奇的色彩所诱惑而移情别恋。从流行色的生命周期来看，流行色也和生物一样具有生物性特点，也要经历形成、发展、高潮、衰退和消亡的生命周期，其生命周期的长短也因各个时代的科技、经济等的发展而长短不同。例如，20世纪50年代一种流行色的生命周期大约是5~10年的时间；20世纪末，流行色的发展周期一般是3~5年；而到了21世纪，随着网络信息的发达，世界各国之间信息交流的频繁，使得信息之间的传播与应用变得越加迅速，流行周期更加短暂。例如，传统的服装类品牌都是按照每年春夏与秋冬两季组织产品的开发设计，而目前国际上有些"快时尚品牌"，如西班牙的ZARA、瑞典的H&M等已由过去的两季演变为了十二季，ZARA一年可以设计上市12000多种新品，每一种新产品在店内的销售时间不超过4~5周。许多颜色仅仅上架一个季度，甚至更短时间，就销声匿迹了。

因此，作为流行色应用者今后要想发挥它的最大市场功效，就必须面对越加快速的时尚发展趋势，并找出相应的解决对策，否则就会失去市场和消费者。

2. 地域性特征

"地域性"则主要是指流行色具有的区域性特征。色彩的流行与地理位置、环境等因素有关。不同区域、国家的人，审美意识不尽相同，所以流行状态上也有所差异。例如，20世纪80年代，中国曾流行过一段时间的明黄色，1986年，《中国纺织报》登载了题目为《北京流行黄裙子》的文章，"当时对行情反应灵敏的个体服装摊贩，迅速推出一批黄裙子。在西单夜市上，放眼望去，一排排黄裙子有如一丛丛盛开的黄玫瑰。"一时间，色彩鲜艳的裙子成为大街小巷的女性追求时尚的标志。同时这时期中国受电影《街上流行红裙子》影片影响，红色同样是当时流行的颜色（图7-1-1）；而同一时期的日本受DC品牌的影响，无彩色系的黑白灰成为当时最时髦的色彩（图7-1-2）。

图7-1-1　中国20世纪80年代流行色彩

图7-1-2　日本20世纪80年代流行色彩

从上述事件中不难看出，流行色具有鲜明的区域性特征。

3. 色调性特征

在普通大众中的概念中，常常存在着将流行色理解为是某一两个具体颜色的认识误区。实际上，流行色是由一组或者几组色系构成的。正如色彩专家所言"没有一种单一的色彩能被宣布为色彩趋势"。特别是在多元化的今天，只流行一两种色调的局面已是不复存在，更多的情况下，在一年中，市场上色彩会伴随着风格等的变化而出现同时畅销几种色调的现象。例如，从2016年到2019年，自然色调、艳丽色系和粉彩色调等几乎是交替流行。"百花齐放"的色调格局势必成为国际流行色未来的发展主旋律。

4. 普及性（连锁性）

以往人们关于流行色的印象主要集中于服饰领域，其实经过近百年的历史发展，流行色早已渗透到人们的衣、食、住、行、用、赏、玩等各个层面。并且呈现出服装流行色引领其他领域色彩发展的趋势。特别是从21世纪以来的国际流行色发展来看，那些最新流行的时装颜色都不可避免地影响了建筑设计、室内家居设计、汽车设计以及生活中的消费色彩，包括化妆造型、饮食、广告包装等方面。因此当代流行色具有典型的连锁效应，也可称为"多米诺骨牌"效应（图7-1-3）。

5. 周期性特征

反复是一种自然规律，从人类社会的兴衰到人自身的生理变化，都在周而复始地运动

图 7-1-3　流行色彩的普及性

着，反复与人类的内外部环境都有着密切的关系，因此在人类的审美中，反复就成了一个十分重要的因素。反复表现在流行中即流行的周期性。在流行色领域，一种色彩一旦被市场接受，就会很快成为主流。不过随着时间的推移和人类"喜新厌旧"的心理，人们对这种色彩的喜爱心理就会减弱，出现新的替代色彩。然而，过一段时间，曾经被替代的颜色又会卷土重来，再度成为时尚领域的领军色彩。这一变化告诉我们，流行色本身具有很强的周期性运动规律。但值得注意的是，每种颜色在周期轮回时并非是简单的全盘复古，而是被赋予新的内涵和面貌。

三、流行色的发展

1. 流行色发展历程

流行色源于欧洲，第二次世界大战后，英文"Fashion Colour"一词在欧洲产生。以法国、意大利、德国等国家为中心区域。第一家流行色机构"美国纺织品色卡协会（英文简称TCCA）"于1915年在美国成立，该协会是世界上成立的第一个专业流行色机构。在此后的100多年时间里，世界各地相继成立了多家流行色预测机构，主要包括英国色彩委员会、凯琳国际流行趋势预测公司、日本流行色协会、国际流行色协会、中国流行色协会、英国全球时尚风格网等多家流行趋势预测机构，详见表7-1-1。

表 7-1-1 流行色发展历程简表

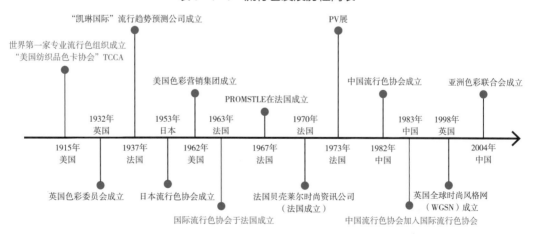

1982年，中国流行色协会成立，1983年，在日本的推荐和促成下，中国流行色协会代表中国加入国际流行色委员会。国际流行色委员会成立后，每年2月和7月在巴黎召开国际流行色专家会议，届时一大批来自世界各地的流行色专家，他们以敏锐的灵感并根据市场色彩的动向，结合市场的调研情况，预测出能适当满足生产商、销售商各方要求的几组色彩，提前18个月发布国际流行色。

流行色的产生与变化，是不以个别消费者的主观愿望决定的，也不是少数设计师和商家所能操纵的，它的变化动向受到社会经济情况、科技发展、消费者心理变化、色彩本身的流行规律等多种因素的影响与制约。

2. 流行色机构

（1）国际流行色协会

成立于1963年，是国际上具有权威性的研究纺织品及服装流行色的专门机构，全称为International Commission For Color In Fashion And Textiles简称 Inter Color。由法国、瑞士、日本发起，协会主要成员是欧洲国家的流行色组织，亚洲有中国、日本。我国于1983年以中国丝绸流行色协会的名义正式加入。

（2）国际色彩权威

全称为International Color Authority，简称ICA。该杂志是由美国的《美国纺织》、英国的《英国纺织》、荷兰的《国际纺织》三家出版机构联合研究出版的，每年早于销售期21个月发布色彩预报，春夏及秋冬各一次，预报的色彩分成男装、女装、便服、家具色。流行色卡经过专家们的反复验证，其一贯的准确性为各地用户所公认。

（3）国际羊毛局

全称为International Wool Secretariat，简称IWS，成立于1937年，由主要产羊毛的国家和地区组成，总部设在伦敦，在其他国家设立了30多个分支机构，研究提高羊毛制品质量、提高羊毛对其他纤维的竞争地位。

（4）国际棉业协会

全称为International Institute For Cotton，简称IIC。该组织与国际流行色协会有关系，专门研究与发布适用于棉织物的流行色。

（5）日本流行色协会

全称为Japan Fashion Color Association 简称JAFCA，1953年在日本东京成立。这也是亚洲地区第一个流行色组织。主要致力于纺织品、服装、汽车、美容等领域的色彩预测。

（6）中国流行色协会

1982年于上海组建，初名为"中国丝绸流行色协会"，1985年改为"中国流行色协会"。最早几年致力于丝绸色彩的开发，1983年参加国际流行色委员会，做为成员国。现主要任务是调查国内外色彩的流行趋向，制订18个月后的国际流行色预测，发布中国的流行色预报。

（7）WGSN英国全球时尚风格网

英国"全球时尚风格网"（Worth Global Style Network）于1998年在伦敦成立，简称WGSN，是英国在线时尚预测和潮流趋势分析服务提供商，专门为时装、时尚产业、零售等行业提供网上资讯收集、趋势分析以及新闻服务。

2016年，WGSN与中国纺织信息中心（CTIC）在上海成立合资公司，结合中国纺织信息中心的行业优势和影响力以及WGSN的国际化商业运营经验和专业知识，为中国时尚相关领域追求创新发展的企业和机构提供快速、全面、专业的资讯和数据分析及服务。

第二节　影响流行色发展的要素

　　流行色作为社会中存在的一种特定现象，在探讨其产生的原因时，必须将流行色融入一个大的历史条件和社会背景中去，而不能将其孤立开来。例如，1968年墨西哥奥运会使得一系列强烈鲜艳，具有墨西哥民族特点的色彩迅速流行，这个时期也成为鲜艳色流行的顶峰时期。这种崇尚自然色的倾向，一直持续了10年之久，同时流行色也从颜色及色调的跳跃性变化时代逐渐过渡到平稳渐变时期。在2008年的北京奥运会上，被誉为"红色军团"的中国奥运健儿以金牌数第一的优异成绩稳居第一军团，给国人以极大的振奋，当时鲜艳的中国红在2008年北京奥运会期间，成为流行色的焦点。上述事例说明，任何时期或者任何领域流行色的产生绝对不是偶然，而是受多方面因素的影响，包括社会动向、政治、经济、科技发展、文化艺术、自然环境等。

　　国内外不少知名时尚专家都曾指出，随着时代的发展，社会中任何东西都会与流行接触，所以从业者应该从各种信息来源预测未来流行趋势，而不是"闭门造车"。不能只看时尚的一部分，而是了解文化、政治、经济的发展变化，甚至正在热播的电影电视等所有因素。

　　由此可见，影响流行预测、应用等领域发展的因素来自于人类生活的方方面面，绝对不是"为时尚而时尚"的结果。总结下来，影响因素主要由社会因素、文化因素、人的因素、自然环境因素四大方面组成。

一、社会因素对流行色发展的影响

　　流行色的发展告诉我们，要预测流行色，对社会的动向就要有敏锐的感觉。而政治、经济、科技等社会因素常常会在流行色的发展中产生很重要的影响。

1. 政治经济对流行色发展的影响

　　在流行发展的历史长河中，不同时期的政治环境、观念等都会对流行色的发展产生影响，有时甚至起着决定性的支配作用。比如"文化大革命"期间，受政治的深刻影响，致使全国大面积地流行军装绿和工装蓝（图7-2-1）。

　　服装是社会经济水平和人类文明程度的重要标志，经济是社会生产力发展的必然产物，是政治的基础，是服装流行消费的首要客观条件，因此经济发展状态与政治一样在流行色发展中扮演着重要的角色。在经济发展的不同阶段，人们对色彩的需求是不同的，流行的色彩也各具特色。比如在经济发展初期，人们的心情开朗，市场上多流行饱和度高、艳丽的色彩，从而呈现出色彩种类繁多、活泼乐观的潮流特点。而当社会经济经过一段时间的迅猛发展后，会进入一个相对平稳的发展阶段，而此时的消费者常常会对那些代表着平和心态的自然色、优雅甜美的粉彩色系等产生强烈的欲望。

图 7-2-1　"文化大革命"时期具有浓厚政治色彩的服装

2. 科学技术对流行色发展的影响

流行色能在我们生活中产生和流行，是以人类社会的科学技术基础为依托的，新材料的出现催发新产品的诞生，新型技术的应用促进染色技术的发展。古往今来，每一种有关服装技术方面的发明和革新，都会给服装的发展带来重要的促进作用。例如，深受法国人喜爱的苯胺紫（法国人称之为木槿紫）就是于19世纪末，由英国有机化学家威廉·亨利·柏琴爵士（现代合成染料工业的创始人）在合成奎宁的实验中偶然发现获得，这种染料在当时风行一时，受到了服装设计师的喜爱，以至于那10年竟有"木槿紫时期"之谓。英国人很快也接受了它，维多利亚女王对它十分青睐，英国政府还用它来印邮票。

新材质的发展也对流行色的发展起到了重大的推动作用。任何色彩的存在都需要一定的物质载体，这也注定了色彩与材质之间存在着一种如影随形的关系。在国际流行色领域普遍存在着一种观点认为：色彩体系机构展示的颜色数量是有限的，而今后色彩的流行变化主要集中于材质的变化。在色彩流行中我们发现，即使是完全相同的一种色彩，而由于被应用的材料不同，会产生完全不同的视觉效果和审美体验。21世纪以来各种PVC、硅胶等材料在时尚领域的运用便是典范。同时，以往服装领域普遍认为PVC、硅胶等材料不适合人体服用，但经过多年的科学实验后，这些材料也和传统的服装面料，如棉、麻、毛、丝等一样，可以和人体直接接触。为此，那些具有敏锐市场洞察力的国际顶级品牌，如Valentino（图7-2-2）和Burberry（图7-2-3）等公司近年在发布会上都纷纷用了这种新型材料，极大地丰富了色彩的种类和视觉效果。被很多时尚专家视为流行色未来发展的新途径。

3. 社会思潮对流行色发展的影响

社会思潮是在一定历史时期内，反映一定阶段、一定阶层的利益和要求的一种思想倾向。是具有传播性，对人类社会生产和生活产生一定影响的思想形式。

图 7-2-2　Valentino 2013 春夏时装

图 7-2-3　Burberry 2013 春夏时装

（1）"女权主义"对流行色的影响

起源于17世纪西方国家的"女权主义"（Feminism），意味着妇女解放。其最重要的一个目标是要争取政治权利，往往被称作"女权运动"。在这种思想政治运动的影响下，妇女的着装风格也悄然发生了变化。着装色彩越来越倾向于男性化。具有代表性的是著名国际时装大师伊夫·圣·罗兰设计的"吸烟装"，强烈的女权主义色彩，是女权觉醒的标志（图7-2-4）。

同时，与女性服装色彩越加男性化相对立的是于20世纪60年代兴起的"孔雀革命"（Peacock Revolution）。"孔雀革命"的口号在20世纪60年代由时装设计师哈代·艾米斯提出，这被视为启动新男人衣装风尚的重大事件，指男性时装渐趋于华丽的倾向。因雄孔雀比雌孔雀更美，借此比喻。受孔雀思潮的影响，男装设计由常态的黑、白、灰、深蓝等色彩转向使用大量鲜艳亮丽的女性化色彩，这对传统男装色彩是一个强烈的冲击。进入21世纪后，男装色彩女性化趋势愈演愈烈，男性服饰女性化已经渐渐融入男装界，并被越来越多的人所接受，它也将成为一种时尚发展趋势（图7-2-5）。

（2）"享乐主义"对流行色发展的影响

西方时尚界普遍认为，2001年发生的"9·11"事件是21世纪初全球"享乐主义"的催化剂。该事件使得许多人意识到生命的短暂和可贵，所以"及时行乐"主义便成了许多西方人新的价值观和生活方式，出现了很多体现奢华风格且价格昂贵的时尚产品（图7-2-6）。

图 7-2-4　伊夫·圣·罗兰设计的"吸烟装"

图 7-2-5　21 世纪色彩艳丽的男装

图 7-2-6　体现享乐主义的金色

同时由于该事件的影响，人们心情比较压抑，体现在服装上就是颜色比较鲜亮，大家希望通过彩色来舒缓紧张的心情。

二、文化因素对流行色发展的影响

文化是一个汉语词语，英文是"Culture"，东西方的辞书或百科中对文化的解释和理解为文化是相对于经济、政治而言的人类全部精神活动及其产品。包括文艺领域、传统文化领域，甚至美食都会对流行色产生巨大的影响。

1. 文艺领域对流行色发展的影响

服装的发展向来都是与美术、建筑、雕塑、文学、音乐等姊妹艺术紧密相连。流行色发展亦然。现代很多流行色的预测主题都是从文化艺术领域取得灵感。

美术常被形象的称为"形与色的艺术"，近现代时尚发展史上，由某一美术流派、艺术家的画作中的色彩引发的流行色，可谓不足为奇。例如，19世纪后期，受莫奈等人笔下的女性穿着明快色彩效果服装的影响，各种浅淡颜色，浅黄、水蓝、粉红等曾流行一时；2019/2020早秋女装流行趋势预测报告显示，日本设计师高桥盾与Valentino合作的作品，灵感来自19世纪新古典主义拥吻雕塑的版画与玫瑰拼贴图案（图7-2-7）。

2019/2020早秋女装流行趋势预测报告

图7-2-7　2019/2020早秋女装流行趋势预测报告

2. 传统文化对流行色发展的影响

只有民族的才是世界的。在世界经济日趋国际化、一体化的今天，"民族风""波西米亚风""中式风格"等吸引着大众。对当代服装、流行等的发展产生了重大影响（图7-2-8~图7-2-10）。

图 7-2-8　民族风格服装—灵感来源于中国苗族服饰

图 7-2-9　Roberto Cavalli 2017 春夏—波西米亚风格服装

图 7-2-10　Shiatzy Chen 来自中国台湾的中式风格品牌服装

三、人的心理因素对流行色发展的影响

　　追求变化是人类的天性，但人们对一件物体感到疲惫时，往往希望有新的事物来替代，以获得新的兴奋感，对于色彩也是如此。这也是为什么新款式总能受到消费者追捧的原因之一。流行色被认为是"最具心理学特征的时尚现象"。同时流行色与人的性格、自身因素也有关，如美国人性情豪爽，所以多偏好彩度较高的色彩；法国人浪漫、细腻，灰色系更受他们的欢迎；非洲人皮肤黝黑，所以他们在服装上多选用明亮、艳丽的色彩等。

四、自然社会环境因素对流行色发展的影响

　　服装色彩的流行色也受到自然环境因素的影响。如夏季气候炎热，人们希望获得凉爽感，因此通常采用清新亮丽的色调；春季大地一片生机，清新活泼的颜色更符合人们的审美心理。

　　服装色彩的流行与人们的生活环境也有一定的联系，比如开放地区，流行色更容易获

得认可；相反，保守地区流行色传播的速度要慢很多。

社会环境是人们生活的空间和背景，服装色彩又是社会生活整体中的局部组成因素。社会环境受一定社会思潮的影响，又因地区、场合、气氛、文化背景等因素的变化而变化。在社会环境这个大的空间中，人与社会自始至终都应保持一种和谐的关系，体现在服装色彩上也是如此。

服装色彩与诸因素之间相辅相成，共同促进了人类历史和文化的发展。流行色的预测专家们，正是在社会大环境的影响下，利用他们的经验和敏锐的洞察力，通过准确预测，达到了指导生产、引导消费的目的。

第三节　流行色趋势预测

一、流行色预测的概念

趋势预测是指在特定的时间，趋势研究人员或趋势研究机构根据以往的经验和成果，对市场、经济以及整个社会环境因素所做的专业评估，以推测可能的流行活动。色彩趋势预测萌发于20世纪初期，是流行预测或趋势预测等一系列过程的基础部分，是用直觉、综合等方法对当下消费者的色彩喜好以及影响因素做全面评估后，对未来某一阶段流行色彩前景做出的一种带有前瞻性的色彩推断过程。

流行色的预测涉及自然科学的各个方面，是一门预测未来的综合性学科，人们经过不断地摸索、分析，总结出了一套从科学角度来预测分析的理论系统。世界上许多国家都成立了权威性的研究机构，来担任流行色科学的研究工作。

这些机构作为本国的流行色彩公布者，必须进行长期大量的调研分析。色彩提供者提出的色彩方案若要符合实际情况，必须使自己的色彩审美特点与色彩使用者使用色彩的审美观相一致，这就要求色彩提供者围绕色彩审美特点对色彩使用者进行调查研究。

二、流行色预测的方法

如何准确预测流行色，以取得良好的效益，对于生产、经营者来说，是至关重要的问题。目前，国际上对服装流行色预测已有一些较成熟的方法，主要分为三大类：第一类是以欧盟为代表的直觉预测法；第二类以日本为代表的市场调研预测法；第三类是以数学模型与计算机技术相结合的综合预测法。以这三类方法为中心，其他各国都不同程度地提出了符合自己实际的流行色预测理论和方法。

1. 直观预测法

直观预测法建立在消费者欲求和个人喜好的心理学基础之上，凭借流行专家们的直觉、敏锐的市场洞察力、丰富的从业经验和卓越的艺术造诣对过去和现在发生的事进行综合分析、判断、选择流行色彩。这类方法作为一种传统的预测方法已经引导了很多年的国际流行色预测，具有很强的感性色彩。目前，有着悠久时尚历史的西欧国家的一些专家是直观预测法的代表，特别是法国、英国、德国的一些专家一直是国际流行色界的先驱者。

2. 调研预测法

调研预测法也称为"市场分析预测法"，是建立在市场数据统计学的基础上，以市场调查信息为主，依据色彩规律和消费者的动向预测下一季色彩的方法。往往通过对国际四大时装周（纽约、伦敦、巴黎、米兰）顶级品牌的系统分析、科学整理、归纳比较，总结出成功时尚色彩设计需要遵循的一般规律。主要代表有日本、韩国、美国的一些专家。由于该方法进行了大量的市场调研分析，大大降低了人为的预测误差，可靠性较强，具有较大的实用价值。

3. 综合预测法

由于预测本身涉及的因素十分复杂，单独运用某一种方法难免有局限性。例如，直观法研究预测流行色缺乏规律性，更多的是依靠预测者个人的时尚悟性和造诣，是处于一种定性的状态。无论是学术界权威，还是其他预测者，都或多或少采用了一些模糊语言来表达他们对于色彩的情感，并由他们的情感来推断下一轮回的流行色彩。而这些模糊语言使流行色运用者难以把握。市场调研预测法虽然采用定量分析的方法对流行色进行预测，但相对来说缺乏创造性和灵活性。经验表明，缺乏新鲜色彩的预测会使色彩预测丧失新鲜感、创造性和神秘性，从而也会丧失商业效益。"综合预测法"即"调研法与直观法"相结合的预测方法，使定性和定量分析相结合。色彩预测者以逻辑的研究为前提，结合自己的主观直接判断以及综合各种影响流行色趋势变化的因素（政治、经济、文化、科技等）后，而提出关于未来某一段色彩流行发展动向的方法。该方法属于一种将主客观、艺术和技术有机结合进行色彩流行预测的方式。

三、色彩预测的过程

色彩预测是指为将来或特定的季节编辑一系列消费者认可的色彩流行范围。其过程主要包括：信息收集、主题确定、灵感图设计和色卡制定，其中信息收集和主题确定为色彩预测作前期准备，灵感图设计和色卡制定是色彩预测的实施路径。

1. 信息收集

信息收集分为主观信息收集和客观信息收集两种形式。

主观信息收集通过预测者的感知力和观察力实现。预测者在各种活动，如旅行、购物、参观、看电影、看电视、阅读、上网等，都会有意识或无意识地观察周围的气氛、情绪、人群、着装、景色、搭配程度、流行趋势等。这些信息被观测者或多或少记忆下来，形成自己的观点，为色彩预测做储备。主观信息收集的优点在于观测者通过观察和学习，对色彩的预测能力会越来越强；缺点在于记忆有时不可靠，随意性强。

客观信息收集往往建立在已有信息库的基础上，历年色彩信息的详细记录，为色彩预测提供了强大的支撑，再加上书籍、期刊、服装展、电子出版物、互联网提供的丰富信息和灵感来源。主观信息的收集是随时随地的、持续不断的，融合在观测者的生活和工作中；客观信息的收集是按需求进行的，目的性更强。

2. 主题确定

在国际时尚色彩预测领域，一直存在着"主题决定一切"的观点。简单地说，有怎样的色彩趋势主题，就会产生怎样的流行颜色。主题确定的过程是对收集来的信息，包括视频、音频、图像、文字、实物、数据等，进行分析和总结的过程。收集到的信息资料将决定色彩的基调和主题的产生。主观信息可以给主题增加灵感，客观信息则有助于用简明的形式表达色彩主题。

3. 灵感图设计

当趋势主题确定之后，下一步要考虑的是如何搜集、编辑和制作与主题关联的色彩灵感图。一般情况下，色彩灵感素材大多是以图片的形式体现的。归纳来看，色彩灵感图的作用主要体现在以下三个方面：第一个方面是通过视觉形象强化趋势应用者对文本的理解；第二个方面是为趋势主题寻找色彩来源；第三个方面是从灵感图中获得主题色谱。

4. 色卡制定

任何一个色彩趋势报告都是先确定大主题，然后在大主题的基础上派生出多个小主题，不同的主题涵盖的中心思想不同，因此每个主题形成的色卡也有自己的风格。总的来说，大部分色彩趋势报告的调色板所采用的基础色系主要包括：浅淡色系、暗淡色系、中性色系、暖色系和艳丽色系六大类型，根据每个主题的风格特点确定其运用色系。

一般情况下，每个预测报告要完成4个色彩主题故事，这些色彩主题围绕一个大的主题和背景展开。以2016年春夏中国纺织服装流行色彩为例，色彩流行趋势预测大主题为融变（Reborn）（图7-3-1），在大主题下共分为4个小主题，主题——创客（The Maker）（图7-3-2）；主题二——元气（Energy）（图7-3-3）；主题三——腔调（Attitude）（图7-3-4）主题四——意匠（Purified）（图7-3-5）。

☆融变/Reborn

我们身处的世界正在发生着微妙而又显著的变化。时尚与科技的融合，对生态价值观的重塑，移动互联的迅速发展，社交网络的崛起，从本质上改变了我们日常的生活方式和行为模式，带给我们一个耳目一新的奇特世界。与此同时，中国传统文化的精髓以更具现代感的方式加以表达、展现和传播。面对经济与环境的诸多不确定风险，人们正在不断滤除浮躁、消极的心态，取而代之以更平和而不失活力的信仰和态度。这是一个融的时代，也是一个变的时代，融与变的两股暗流随影交错，年轻而热烈，营造出新的时代气质。

图 7-3-1　色彩流行趋势大主题

☆主题一：创客/The Maker

　　意愿、活力、激情与创意，移动互联网络的迅速发展，催生了一个特别而又活力四射的群体——创客。网络生活随时随地带来无穷无尽的灵感，创意从未像现在这样有趣并且触手可及。不同领域的灵感碰撞，让设计有了多元化的展现和不拘一格的迸发。当时尚与科技交融，视觉化的表达与游戏化的审美得以最大程度结合，创客的崛起，正在以不可忽视的力量改变着时代的运行轨迹。柔和的橙色与炽银色和理性的炭灰色一起，塑造了优雅高端的科技格调。强烈的多彩色，如同激情、创意与冒险刺激着我们的眼球。粉红色调则以幽默的气质调和了色盘，迎合了更加轻松趣味的网络时代需求。

CNCSCOLOR* 031 70 32	CNCSCOLOR* 020 90 00
CNCSCOLOR* 120 75 02	CNCSCOLOR* 008 40 00
CNCSCOLOR* 068 20 01	CNCSCOLOR* 018 60 27
CNCSCOLOR* 124 35 39	CNCSCOLOR* 011 45 30
CNCSCOLOR* 072 45 32	CNCSCOLOR* 039 85 27
CNCSCOLOR* 151 65 27	CNCSCOLOR* 155 50 34

女装 / 配色推荐

优雅科技

炫酷运动

男装 / 配色推荐

炫酷运动

粉红绅士

图 7-3-2　主题一：创客 /The Maker

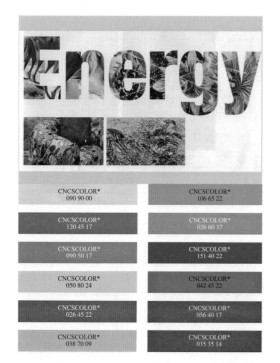

CNCSCOLOR* 090 90 00	CNCSCOLOR* 106 65 22
CNCSCOLOR* 120 45 17	CNCSCOLOR* 026 60 37
CNCSCOLOR* 090 50 17	CNCSCOLOR* 151 40 22
CNCSCOLOR* 050 80 24	CNCSCOLOR* 042 45 22
CNCSCOLOR* 026 45 22	CNCSCOLOR* 056 40 17
CNCSCOLOR* 038 70 09	CNCSCOLOR* 035 35 14

☆主题二：元气/Energy

　　越来越突出的环境问题，让我们重新关注与地球的和谐相处之道。与其畏惧与忧虑，不如植根自然、取道自然，与自然共生共鸣。倡导绿色生活方式，遵守自然法则，健康、乐观、蓬勃的态度，不断在激发我们的创造潜能和设计灵感。食物、植物、动物、海洋……宇宙的每一个角落都蕴涵着能量，这些能量如同元气在天地之间流转，迸发出惊人的创造力，让我们心怀感激地继续着对大自然的无穷探索。神秘的海洋世界带来一系列层次丰富的蓝色，珊瑚和多彩的热带鱼族释放出奇特炫目的斑斓色彩。怒放的热带花卉，茂密的丛林世界，各种动植物的色调展示着自然界的多元与丰富。

女装 / 配色推荐　　　　　　　　　　男装 / 配色推荐

神秘海洋

花之能量

图 7-3-3　主题二：元气 /Energy

☆主题三：腔调/Attitude

随着年轻一代逐渐成长为社会主流精英，两性关系的变革随之产生。女性经济崛起，男性参加到了家庭情感生活中，社会结构的改变，两性关系的分工与融合，带来生活态度和时代气质的转化。更具腔调的生活状态与个人形象的精雕细刻，成为男女两性共同的诉求。精致而优雅，强调品质感，注重细节，将温度感和时髦态度融入设计，为冰冷的都市营造了精致时尚的摩登意味。一系列精致优雅的粉彩色调，甜美细腻，充满着女性气质，展示着都市精致柔和的审美情调。略带中性感的牛仔蓝色、高贵的白兰地酒色，典雅的葡萄酒红及成熟的浆果色平衡了整个色组的浪漫气息。

CNCSCOLOR* 037 80 07	CNCSCOLOR* 007 65 27
CNCSCOLOR* 128 75 12	CNCSCOLOR* 014 75 15
CNCSCOLOR* 044 90 07	CNCSCOLOR* 047 85 17
CNCSCOLOR* 082 75 14	CNCSCOLOR* 112 65 17
CNCSCOLOR* 020 55 17	CNCSCOLOR* 087 40 07
CNCSCOLOR* 008 35 17	CNCSCOLOR* 155 30 10

女装 / 配色推荐

甜蜜马卡龙

摩登时代

男装 / 配色推荐

甜蜜马卡龙

摩登时代

图 7-3-4 主题三：腔调 /Attitude

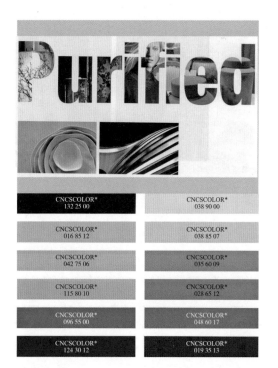

☆**主题四：意匠/Purified**

　　如溪流般细水长流的匠心，在速生速死的年代缓慢地回归。"意匠"，通过对一份设计意念的聚焦与专注，放下不必要的执念和浮躁的喧哗，以澄澈、干净的设计风格，驱除繁杂的装饰，开启了纯粹真实的审美体验。表面上看来是日常生活的普通意味，实则存在着设计的内在锋芒。质朴、自然、自在、自成，那些充满善意的设计，道出了人们对纯净的美感以及自由精神的向往。一系列自然天成的色彩，本白、灰黑、米色、沙土色、靛蓝、茶褐色，奠定了简约质朴的基调，还原了生活的本真面貌，柔和的一抹淡粉犹如水墨画中的点睛之笔，提亮了整个色彩系列。

女装 / 配色推荐

男装 / 配色推荐

新禅意

本真生活

新禅意

本真生活

图 7-3-5　主题四：意匠 /Purified

思考与练习

1. 预测流行色的目的是什么？

2. 国际主要流行趋势机构包括那几个？

3. 流行色的特征是怎样的？

4. 流行色与常用色的关系？

5. 流行色趋势预测练习。

作业内容：色彩流行趋势预测（练习图7-1~练习图7-5）。

要求与方法：

①以团队形式完成色彩流行趋势预测工作，每组由1名组长和3名成员组成，组长主要负责任务分配、组织协调和汇报等工作。

②在大主题背景下，每人完成一项小主题。

③主题与主题分析——围绕现代科学技术、政治、经济、信仰、文化观念、生活方式、时尚潮流、社会关注问题、时尚流行趋势等方面进行分析（主题分析不少于200字）。

④内容包括主题、主题陈述与分析、主题图片、色标。

⑤作业形式为PPT。

☆2019春夏色彩流行趋势分析——大主题：变诉

　　人类始终保持一个群居的社会形态，小群体层层包围形成大社会，大社会讲求的是人类整体的欲望诉求，但个人的差异化导致个人的诉求在其中难以得到解决。在人的追求与诉说中，解放社会的束缚，追求本真，脱俗入尘，做真实的自己，实现自我价值的升华，以此实现自然生灵的共求（练习图7-1）。

练习图 7-1　2019 春夏色彩流行趋势分析——大主题：变诉

☆ 2019春夏色彩流行趋势分析——主题一：原本

在物质文明快速发展的今天，浮躁奢靡的风气盛行于世，人与自然之间的关系也越加恶劣。人与人之间的最大界限是性别，而自然界却并没有那么明确的界限。自然物会因为自己生存环境的条件变化而改变自己的性别。"自然"的境界就是一种自然而然、无为而自成、任运的状态。实践"自然"以及虚无、淡泊、寂默、清静、精诚、中和，成就无期的延命。而2019年我们回归自然，崇尚自然、追求Life Style、Lohas生活理念，提倡"原本山川，极命草木"，源于自然，人为根本。

练习图 7-2　2019 春夏色彩流行趋势分析——主题一：原本（2018 级 沈安琪）

☆ 2019春夏色彩流行趋势分析——主题二：态度

对都市人来说，寻求一种自然随性的生活是一种奢望。身处繁华的大都市，灯红酒绿的背后，又有多少属于自己的宁静。独处自然一角，去感受宁静、质朴的生活状态……原色彰显内在，回归自然、回归本心、回归最初的自己。活力四射又沉稳内敛的活力橙、清凉舒爽的尼罗蓝、温柔的桃粉色……共同演绎了大自然内敛的浪漫。

练习图 7-3　2019 春夏色彩流行趋势分析——主题二：态度（2018 级 张依婷）

☆ 2019春夏色彩流行趋势分析——主题三：壁说

敦煌壁画以其独特方式抚慰精神者的灵魂，以宗教者的角度审视着世俗的沉浮，不拘时空的限制，穿越于古往今来。以错落有致、丰富和谐的壁画语言，诉说着远古，等候聆听。画面多选用纯度极高的蓝靛色、石青、石绿、赤红色和月白色。

练习图 7-4　2019 春夏色彩流行趋势分析——主题三：壁说（2018 级 沈菲）

☆ 2019春夏色彩流行趋势分析——主题四：新能量

街头文化打破传统，用涂鸦的方式宣告理念，是新青年表达思想的方式。传统礼教和世俗目光不再是展现自己的枷锁。在这波"新能量"里看到多元化和不断创新的世界。色彩中，红色、橙色的热情和张扬，黄色的活力和完全相反的蓝色的稳重，石灰的静谧成熟。"新能量"是对当下的思考，也释放着对未来的希冀。内心的能量不断向外传递，遵从内心的生活，做真实的自己。

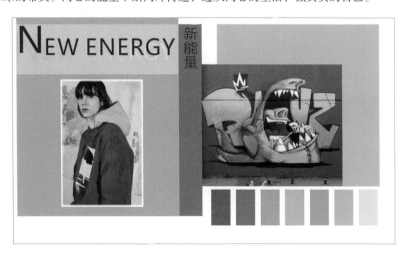

练习图 7-5　2019 春夏色彩流行趋势分析——主题四：新能量（2018 级 余婷婷）

参考文献

［1］郭茂来. 设计色彩学［M］. 重庆：西南师范大学出版社，2015.

［2］天野豊久. 配色技術［M］. 东京：纤研新闻社，2004.

［3］肯尼思·R. 法尔曼，切丽·法尔曼. 色彩物语［M］. 谢康，译. 北京：人民邮电出版社，2012.

［4］黄元庆，等. 服装色彩学［M］. 北京：中国纺织出版社，2014.

［5］哈拉尔德·布拉尔姆. 色彩的魅力［M］. 陈兆，译. 合肥：安徽人民出版社，2003.

［6］周翔. 色彩感知学［M］. 长春：吉林美术出版社，2011.

［7］阿尔博斯. 色彩构成［M］. 李敏敏，译. 重庆：重庆大学出版社，2012.

［8］黄国松. 色彩设计学［M］. 北京：中国纺织出版社，2001.

［9］吴镇保，张闻彩. 色彩理论与应用［M］. 南京：江苏美术出版社，1998.

［10］庞绮. 服装色彩基础［M］. 北京：北京工艺美术出版社，2002.

［11］徐慧明. 服装色彩创意设计［M］. 长春：吉林美术出版社，2004.

［12］吴东平. 色彩与中国人生活［M］. 北京：团结出版社，2000.

［13］特雷西·戴安，汤姆·卡斯迪. 色彩预测与服装流行［M］. 李莉婷，等译. 北京：中国纺织出版社，2007.

［14］凯瑟琳·麦克威尔，詹妮·曼斯洛. 时装流行预测·设计案例［M］. 袁燕，译. 北京：中国纺织出版社，2012.

［15］崔唯. 流行色与设计［M］. 北京：中国纺织出版社，2003.

［16］黄元庆，黄蔚. 服装色彩设计［M］. 上海：学林出版社，2012.

［17］李莉婷. 服装色彩设计［M］. 2版. 北京：中国纺织出版社，2015.

［18］程悦杰. 服装色彩创意［M］. 3版. 上海：东华大学出版社，2015.